渲染器的工作流程

插花水瓶

metal

落地灯

实例欣赏

复式阁楼的一米阳光

沙发

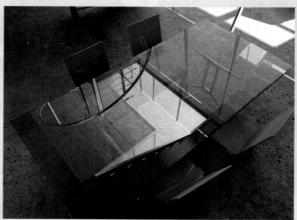

桌面玻璃

楼梯

主体玻璃

地面与墙面

现代客厅2

阳光浴室篇

夜晚气氛篇

建筑软件表现技法丛书

3ds max/VRay 超写实效果图表现技法

赵志刚　李　宇　编著

机 械 工 业 出 版 社

本书针对 3ds max 2008 与 VRay 1.5 渲染器在室内装饰设计效果中的应用，以"软件功能+应用案例"的方式带领读者由浅入深、一步一步地掌握制作照片级效果图的各种方法和技巧。

本书共分为 10 章，内容涵盖了渲染基本参数，灯光和材质解决方案，复式阁楼、现代客厅、阳光浴室和厨房空间以及夜晚气氛等效果图的渲染。在各章节中列举了各种类型空间，采用了不同的灯光效果，营造出不同的表现气氛。本书案例经典，内含效果图设计的完整解决方案，在讲解理论知识的同时，更注重实际操作能力的培养。

本书附赠的随书光盘，不仅提供了书中实例的源文件和所需要的素材文件，还提供了一些视频教学文件，使读者能够掌握设计和制作人员创建照片级效果图的全过程。

本书适合作为 VRay 初中级使用者深入掌握 VRay 水平各种功能和设置命令的工具书，以及效果图制作人员作为提升效果图制作的参考书，也可以作为高等院校、技能培训学校的教学培训用书。

图书在版编目（CIP）数据

3ds max/VRay 超写实效果图表现技法 / 赵志刚，李宇编著. —北京：机械工业出版社，2008.7

（建筑软件表现技法丛书）

ISBN 978-7-111-24775-3

Ⅰ. 3…　Ⅱ. 赵…　Ⅲ. 建筑设计：计算机辅助设计—图形软件，3DS MAX、VRay　Ⅳ. TU201.4

中国版本图书馆 CIP 数据核字（2008）第 118783 号

机械工业出版社（北京市百万庄大街 22 号　邮政编码 100037）
策划编辑：车　忱
责任编辑：车　忱
责任印制：李　妍
保定市中画美凯印刷有限公司印刷
2008 年 9 月·第 1 版·第 1 次印刷
184mm×260mm·20.75 印张·4 插页·512 千字
0001 –5000 册
标准书号：ISBN 978-7-111-24775-3
　　　　　ISBN 978-7-89482-817-0（光盘）
定价：49.00 元（含 1DVD）

前　言

VRay 是保加利亚著名的插件供应商 Chaos Group 公司研究开发的一款体积较小却功能强大的全局光照计算渲染器，是目前最优秀的插件渲染器之一。

随着电脑硬件的不断升级，VRay 在室内外建筑装饰设计效果图表现方面，具有操作简捷、渲染速度快、渲染图像品质好等特点。随着软件版本的不断升级，VRay 渲染器的功能也更趋于完善，在更多领域向人们展示了其强大的功能。

本书采用的软件是最新版本 VRay 1.5，内容涵盖了渲染基本参数，灯光和材质解决方案，复式阁楼、现代客厅、阳光浴室、厨房和夜晚气氛等效果图的渲染。

本书具有以下特点：

1．内容讲解专业。书中的内容紧紧围绕"3ds max 与 VRay 建筑设计"这一主题。

2．知识体系完整。本书遵循由浅入深的原则，逐一讲解 VRay 的各项功能，内容全面。

3．案例选择经典。本书在选择案例时，非常注重案例的实用性，尽量避免重复，以求用最少的篇幅达到最好的教学效果。

4．素材系统全面。本书案例包含设计师经常遇到的各种空间和灯光效果的渲染，具有广泛的代表性。

本书图文并茂，对操作步骤的讲解尽可能详细，避免出现遗漏和较大的跳跃，读者只需要按书中讲述的步骤进行操作就可以达到预期的效果。

本书共分为 10 章，具体内容为：第 1 章讲解 VRay 1.5 的基础知识；第 2 章讲解 VRay 渲染的基本流程；第 3 章讲解 VRay 1.5 渲染的基本参数的设置；第 4 章讲解 VRay 1.5 灯光解决方案；第 5 章讲解 VRay 1.5 材质解决方案；第 6 章讲解复式阁楼的渲染技法；第 7 章讲解现代客厅空间渲染技法；第 8 章讲解阳光浴室的渲染技法；第 9 章讲解厨房空间的渲染技法；第 10 章讲解夜晚气氛效果图渲染技法。

本书采用了 3ds max 2008 与 VRay 1.5 进行教学，建议读者使用相关的软件版本。本书附带 1 张 DVD 光盘，内容包括案例模型、贴图源文件，以及部分相关的视频教学文件，方便读者进行学习。

由于作者水平有限，书中难免出现错误和疏漏之处，还请广大读者包涵，同时也希望读者能够对本书提出宝贵的意见。

作　者

目　　录

第1章　VRay 1.5 简介

VRay 是目前应用于 3ds max 的最优秀的渲染器插件之一。在室内外建筑装饰设计效果图表现方面，VRay 可以称得上是操作最简捷、渲染速度最快、渲染图像品质最好的渲染器。随着软件版本的不断升级，VRay 渲染器的功能更加趋于完善，不断在更多的领域内向人们证实其强大的功能。

1.1　关于 VRay

VRay 是保加利亚著名的插件供应商 Chaos Group 公司研究开发出的一款体积较小却功能强大的全局光照计算渲染器。Chaos Group 公司不但在三维动画、数字影像和电影胶片等领域作出了突出贡献，而且还开发出了多款著名的三维动画插件，包括火焰仿真插件 Phoenix、烟火仿真插件 Aura、布料仿真插件 Simcloth 和毛发仿真插件 Shag fur 等，如图 1-1 所示。

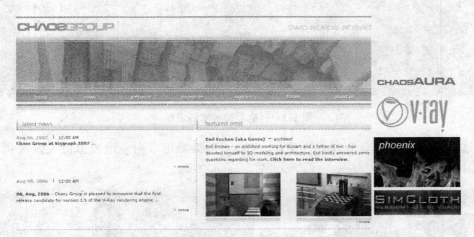

图 1-1　Chaos Group 公司主要产品

VRay 渲染器所实现的对于全局光照的真实模拟，能够帮助用户在相对较短的渲染时间内取得真正意义上的照片级图像；完全仿真且操作简捷的太阳光和天光模拟系统解除了传统三维图像制作中室外光线难以模拟的枷锁；对于包括毛发、皮革、金属、液体在内的各类物体的质感表现，VRay 渲染器往往带给制作者眼前一亮的感觉。同样，VRay 渲染器在次表面反射效果、焦散、动作模糊等方面也都有不错的表现。VRay 渲染器在制作建筑设计表现图方面的精彩表现，如图 1-2 所示。

图1-2　室内外全局光照效果表现

　　VRay渲染器在材质模拟技术方面提供了较成熟的解决方案和高仿真的模拟效果，如图1-3所示。

图1-3　材质模拟技术的表现

　　通过物理摄像机和渲染方面的设置，VRay渲染器可以出色地模拟镜头景深和模糊效果，如图1-4所示。

图1-4　镜头景深和模糊效果

VRay 渲染器的太阳光和天光照射系统，可以根据光线照射的方向和角度来真实模拟一天当中不同时刻室外光照的变化，如图 1-5 所示。

图 1-5   太阳光和天光照射效果

关于 VRay 渲染器更多强大的功能，本书将在后续章节中为读者进行详细介绍。

1.2   VRay 渲染器的安装

安装 VRay 渲染器的步骤如下：

（1）打开 VRay 1.5 所在的文件夹，双击 vray_adv_150R5.exe 图标，如图 1-6 所示。

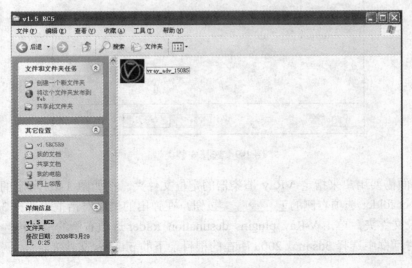

图 1-6   双击 VRay 图标

（2）在弹出的 VRay 安装引导窗口中，单击 [Next] 按钮，如图 1-7 所示。

（3）在阅读过 Chaos Group 公司关于 VRay 软件的协议后，单击 [I agree] 按钮进入下一界面，如图 1-8 所示。

图 1-7　VRay 安装引导窗口　　　　　图 1-8　VRay 软件协议

（4）下面来选择渲染器的安装类型，对于大多数用户来说，可以选择默认的"Workstation（full）（完整工作站）"模式，如图 1-9 所示。

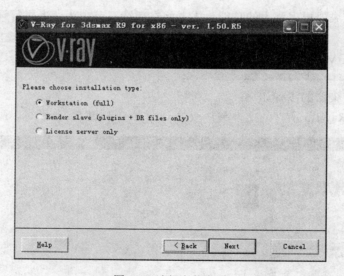

图 1-9　选择安装类型

（5）下面需要用户来指定 VRay 渲染器的定位文件夹。在如图 1-10 所示的界面中，单击 3ds max root folder 选项右侧的 [Browse...] 按钮，在弹出的浏览对话框中选择 3ds max 2008 所在的根目录文件夹，单击 V-Ray plugins destination folder 选项右侧的 [Browse...] 按钮，在弹出的浏览对话框中选择 3ds max 2008 所在的根目录下的 plugins 文件夹。

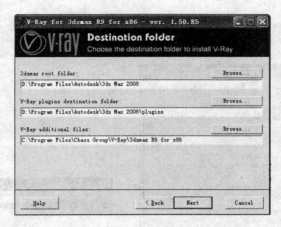

图 1-10 指定 VRay 定位文件夹

（6）单击窗口下方的 Next 按钮，开始 VRay 渲染器的安装，如图 1-11 所示。

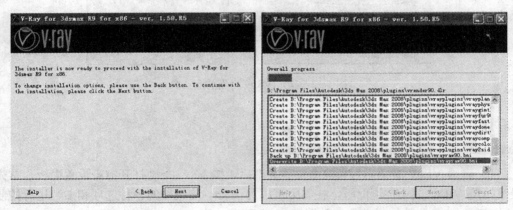

图 1-11 开始 VRay 渲染器的安装

（7）单击 Finish 按钮完成 VRay 渲染器的安装，如图 1-12 所示。

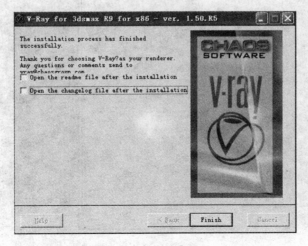

图 1-12 完成安装

（8）启动 3ds max 2008，按<F10>键打开渲染设置面板，并将 VRay 设置为当前渲染器，如图 1-13 所示。

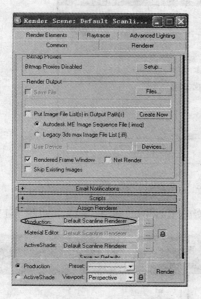

图 1-13　指定 VRay 为当前渲染器

1.3　VRay 渲染器的设置

（1）启用 VRay 渲染器为当前渲染器类型后，按下<F10>键打开渲染设置面板，首先映入眼帘的是 VRay 渲染控制面板，在其中可以对 VRay 渲染器的各种选项和参数进行控制，这也是 VRay 渲染器的核心功能，如图 1-14 所示。

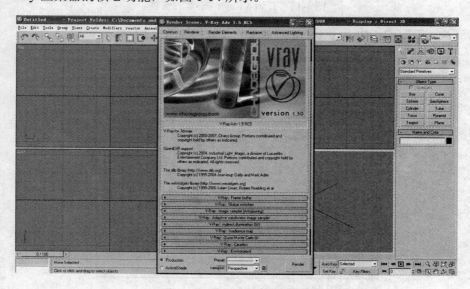

图 1-14　VRay 渲染设置面板

（2）在物体创建命令面板中出现了 VRay 物体创建面板，在其中提供了"VRayProxy（VRay 代理）"、"VRayFur（VRay 毛发）"、"VRayPlane（VRay 平面）"和"VRaySphere（VRay 球体）"创建功能，如图 1-15 所示。

在灯光创建命令面板中增加了 VRay 物体创建面板，在其中提供了"VRayLight（VRay 灯光）"和"VRaySun（VRay 太阳光）"创建功能，如图 1-16 所示。

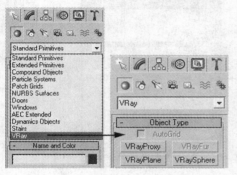
图 1-15　VRay 物体创建面板

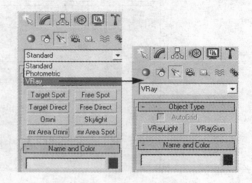
图 1-16　VRay 灯光创建面板

（3）在修改器列表中提供了"VRayDisplacementMod（VRay 置换修改器）"命令。

（4）在材质贴图方面提供了 7 种材质类型和 8 种贴图类型，如图 1-17 所示。

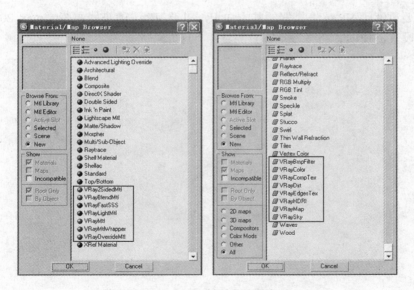
图 1-17　VRay 材质和贴图类型

（5）在环境特效方面提供了"VRaySphereFade（VRay 球形衰减）"和"VRayToon（VRay 卡通）"效果，如图 1-18 所示。

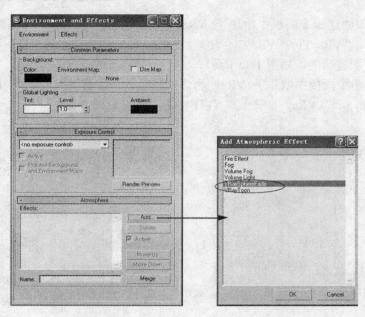

图 1-18　VRay 环境特效

1.4　本章小结

　　本章主要讲解了 VRay 渲染器的基本知识，以及 VRay 渲染器在 3ds max 2008 中的安装方法和基本设置，使读者能够为今后的学习打下良好基础。

第2章　渲染基本工作流程——温馨书房篇

本章将通过介绍一个完整的室内场景渲染流程，来讲解 VRay 渲染器的基本工作流程。本章内容将涵盖天光与自然光的创建思路、全局光照计算设置、常用建筑材质效果的调节方法，以及如何在渲染时间与图像质量之间做出权衡的有效方案。

2.1　视图观察角度的建立

通常情况下，场景的观察角度要根据客户的要求进行指定，例如要表现的角度以及某个局部等。

2.1.1　摄像机的创建与位置调整

1. 创建摄像机

打开场景文件，在创建面板中单击"Cameras（摄像机）"按钮，在面板中单击选择"Target（目标）"摄像机类型，并在 Top 视图中创建摄像机，然后调整摄像机的位置，如图 2-1 所示。

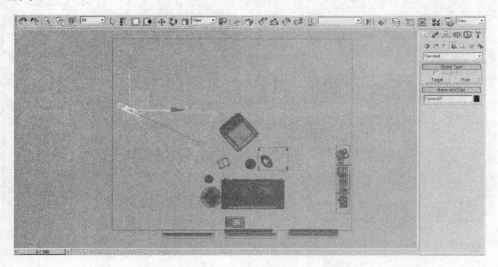

图 2-1　创建摄像机

2. 摄像机位置调整

切换到 Front 视图，并调整摄像机的高度，如图 2-2 所示。

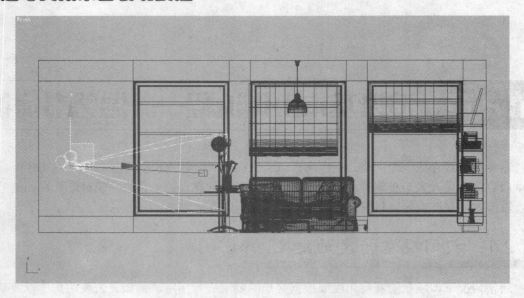

图 2-2　调整摄像机高度

 2.1.2　摄像机视野与焦距调整

在修改命令面板中，调整摄像机视角的控制参数以得到合适的视野范围和透视关系，如图 2-3 所示。

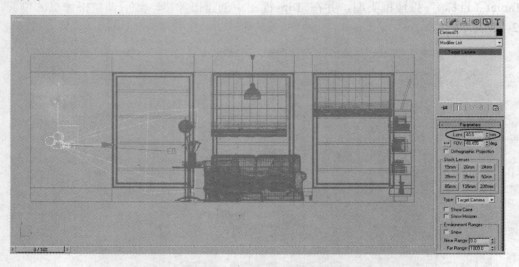

图 2-3　调整摄像机高度

提示：通过对"Lens（焦距）"和"FOV（视野）"参数的调试，可以在摄像机镜头中所观察到的视野范围进行调试，也可以通过改变焦距来为镜头中的场景营造出更加强烈的透视效果，如图 2-4 所示。

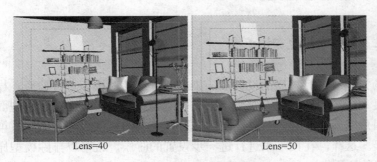

Lens=40　　　　　　Lens=50

图 2-4　Lens 参数值对透视效果的影响

2.1.3　摄像机校正

在视图中选择摄像机并单击鼠标右键，在弹出的快捷菜单中选择"Camera Correction（摄像机校正）"命令，将透视关系由三点透视转换为两点透视，这样可以消除手动调节摄像机所产生的垂直线倾斜问题，如图 2-5 所示。

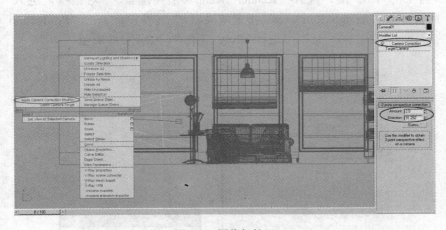

图 2-5　摄像机校正

这样，摄像机就放置好了，最后的场景视角如图 2-6 所示。

图 2-6　摄像机视角

2.2　模型合理性测试

在正式对场景进行灯光材质的设置及渲染之前，应该对模型进行检查。模型创建不严密会导致渲染效果不佳。例如，模型对位不准确可能导致漏光或面交叉、模型面重合等情况。通常可以在视图角度确定之后，通过简单的光照和统一的材质来进行测试渲染，检查模型创建是否准确无误。这样，在接下来进行进一步设置的时候，就可以排除模型原因，在其他方面寻找问题产生的原因。

通过对场景进行测试渲染来检查模型的完整性时，需要将控制渲染精度的相关参数设置得较低，并使用统一材质在 VRay 渲染器内置的环境光照明下进行测试，因此可节省较多的时间。检查模型完整性的操作步骤如下：

2.2.1　指定 VRay 渲染器

按下键盘上的<F10>键，打开"Render Scene（渲染场景）"对话框，进入"Common（通用）"面板下的"Assign Renderer（指定渲染器）"展卷栏，单击"Production（产品）"选项右侧的按钮，在弹出的对话框中选择 VRay 渲染器，如图 2-7 所示。

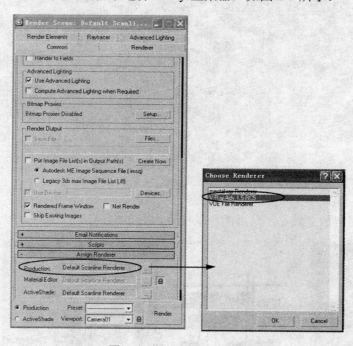

图 2-7　指定 VRay 渲染器

2.2.2　设置渲染图像尺寸

为了减少渲染所消耗的时间，在"Common（通用）"面板下将渲染图像尺寸设置为 320×240，如图 2-8 所示。

2.2.3　渲染器全局开关设置

在"VRay:Global switches（全局开关）"展卷栏中，可以对几何体、照明、间接光照、材质和光线追踪进行全局的开关设置。

测试渲染检查场景中的模型是否符合渲染要求时，可以通过指定全局材质等设置来达到节省渲染时间的目的。

1．指定全局材质

在"Render（渲染器）"面板下，打开"VRay:Global switches（全局开关）"展卷栏，激活"Override mtl（全局材质）"选项，如图 2-9 所示。

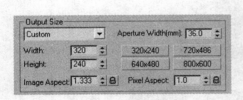

图 2-8　设置渲染图像尺寸

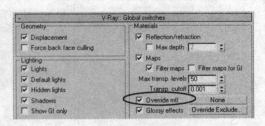

图 2-9　激活 Override mtl 选项

> **提示：** 在激活 "Override mtl（全局材质）" 选项后，可以使场景中所有物体都使用该材质进行渲染，同时物体被赋予的原始材质也会被保留以便在适当时候激活。该方法通常用于测试场景光照效果。

按下键盘上的快捷键<M>，打开"Material Editor（材质编辑器）"面板。在样本窗中选择一个通用材质球，单击"Standard（标准）"按钮，在弹出的"Material/Map Browser（材质贴图浏览器）"面板中双击指定 VRaymtl 材质类型，如图 2-10 所示。

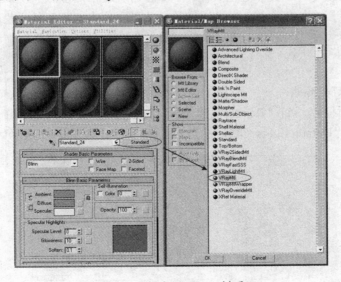

图 2-10　指定 VRaymtl 材质

提示：在使用 VRay 渲染器对场景进行渲染时，既可以使用 3ds max 的标准材质，也可以使用 VRaymtl 材质来进行调节。VRaymtl 材质类型可以方便直观地表现物体的反射和折射效果，且在模拟物体的次表面散射效果时也表现得真实自然。

在 VRaymtl 材质控制面板的"Diffuse（漫反射）"通道中设置材质颜色的 RGB 值为（R=220,G=220,B=220）。打开渲染设置面板，将刚才设置的 VRaymtl 材质样本拖曳到"Override mtl（全局材质）"选项右侧的按钮上，并选择"Instance（关联）"方式，如图 2-11 所示。

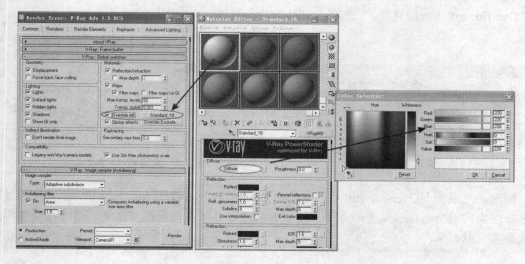

图 2-11　设置全局材质

技巧：在全局材质的漫反射通道中将材质颜色的灰度指定为 220，主要根据最终场景材质的大体色调来设置。也就是说，用来测试的全局材质的基本颜色应参考最终场景材质的色调和灰度，如果场景材质的总体表现偏向较深的颜色，则可以将测试材质的颜色灰度数值设置得更小。

2．取消默认灯光照明

在渲染设置面板中，将"Render（渲染器）"面板下"V-Ray::Global switches（全局开关）"卷展栏中的"Default lights（默认灯光）"选项关闭，如图 2-12 所示。

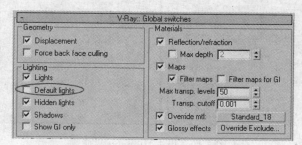

图 2-12　关闭默认灯光选项

提示："Default lights（默认灯光）"选项控制系统为场景所提供的默认灯光照明是否在渲染时发生作用。而默认灯光在开启状态下，会与场景测试时所使用的环境光照明叠加，并使得场景中的光照产生曝光而干扰制作者的判断，如图 2-13 所示。

默认灯光选项关闭　　　　　　　　　　　　　默认灯光选项开启

图 2-13　默认灯光开闭对场景的影响

注意：默认灯光照明系统会在场景中手动设置灯光照明（包括在场景中创建 3ds max 的标准灯光、物理性灯光或 VRay 灯光）后自动关闭。

 ### 2.2.4　降低图像采样和抗锯齿精度

为了提高测试渲染的速度，在渲染设置面板中，将"Render（渲染器）"面板下"V-Ray:Image sampler（Antialiasing）（图像抗锯齿）"卷展栏中的"Type（类型）"设置为 Fixed 方式，并将"Antialiasing filter（抗锯齿过滤）"选项关闭，如图 2-14 所示。

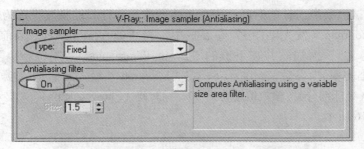

图 2-14　设置图像采样参数

提示："V-Ray:Image sampler（Antialiasing）（图像抗锯齿）"卷展栏中的选项主要用于控制在使用 VRay 渲染器对场景进行渲染时，采用哪种抗锯齿计算方式对渲染图像进行优化处理。其中提供了 3 种抗锯齿采样算法，而 Fixed 算法是其中最简单的采样器。该算法可以用较少的渲染时间取得粗略的采样效果。

> **提示：**"Antialiasing filter（抗锯齿过滤）"选项组用于控制场景中材质贴图的过滤方式，并且能够改善纹理的渲染效果，在默认情况下为开启状态。当用户在使用全局材质对场景进行测试渲染时，尤其当全局材质并未指定任何贴图通道时，该选项的作用并不明显，因此可以暂时关闭以提高渲染速度。

 ### 2.2.5　渲染引擎设置

1．指定渲染引擎方式

在"V-Ray:Indirect illumination（GI）（间接照明）"卷展栏中将开关选项开启，将"Primary bounces（初次反弹）"的渲染引擎设置为默认的"Irradiance map（发光贴图）"方式，将"Secondary bounces（二次反弹）"的渲染引擎设置为"Light cache（灯光缓存）"，如图 2-15 所示。

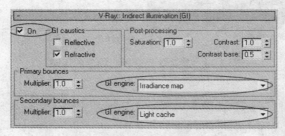

图 2-15　设置间接照明选项

> **提示：**在 VRay 渲染器的计算过程中，间接光照的过程被拆分为"Primary bounces（初次反弹）"和"Secondary bounces（二次反弹）"。光线由光源发出后在物体表面进行的第一次反弹称为初次反弹；光线在完成初次反弹后，经过多次反弹直至能量耗尽的过程称为二次反弹。

2．设置发光贴图参数

为了节省测试渲染所消耗的时间，应尽量将两次反弹计算的精度设置为较低的级别。在"VRay:Irradiance map（发光贴图）"卷展栏中，将"Current preset（当前模式）"设置为"Custom（自定义）"模式，并在下方的"Basic Parameters（基本参数）"选项栏中，将"Min rate（最小比率）"参数值设置为-6，将"Max rate（最大比率）"参数值设置为-4，将"HSph subdivs（半球细分）"参数值设置为50。同时将"Show calc.phase（显示计算状态）"选项激活，如图 2-16 所示。

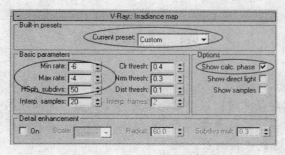

图 2-16　设置发光贴图参数

3. 设置灯光缓存参数

在"VRay::Light cache（灯光缓存）"卷展栏中，将"Subdivs（细分）"参数值设置为400，同时将"Show calc.phase（显示计算状态）"选项激活，如图2-17所示。

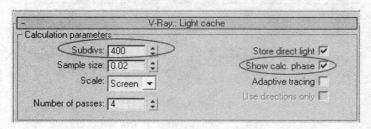

图 2-17　设置灯光缓存参数

> **提示**："Show calc.phase（显示计算状态）"在开启状态下，可以将发光贴图的计算过程在帧缓存窗口中显示出来。虽然，开启该选项会占用一定的内存且减缓渲染速度，但却可以使用户直观地观察到渲染的进程，如图2-18所示。

图 2-18　渲染进程观察

2.2.6　环境光照明设置

在渲染设置面板的"Render（渲染器）"面板下，激活"V-Ray::Environment（环境）"卷展栏中的"GI Environment（skylight）override（全局照明天光）"选项，可使用天光对场景进行照明，如图2-19所示。

图 2-19　开启天光照明

在"V-Ray::Color mapping(颜色贴图)"卷展栏中,将"Dark multiplier(暗部增强)"参数值调整为1.5,如图2-20所示。

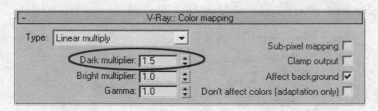

图2-20 调整暗部增强参数

按下键盘上的快捷键<F9>对场景进行快速渲染,渲染图像如图2-21所示。

图2-21 渲染图像

在测试渲染结束后对图像效果进行观察,可以发现由于相关精度控制参数级别设置得较低,所以场景中的物体有些发飘,场景光照效果也不太理想。但是这些问题都不是由于模型原因所造成的,因此可以断定场景模型符合渲染要求,可以进一步进行其他方面调节。

2.3 材质设定

3ds max 的标准材质系统同 VRay 渲染器的兼容性是非常好的,因此在对场景材质的编辑过程中,既可以使用 3ds max 的标准材质,也可以使用 VRay 渲染器的材质系统。

值得一提的是,对材质进行设定时,要更多地参考真实物理世界中光照与物体材质的表现,包括物体表面对光线的反射和折射、次表面对射入物体的光线进行分散、绒毛物体和镜面反射物体在不同观察角度下的表现和原理等。只有对这些真实的物理现象有所了解,才能够在三维软件中对材质的表现做到有法可依,才能更准确地表达出物体的质感。

同时,需要注意的是,对细节和"不完美"的关注能够使场景效果更加真实。当用户观察周围的真实环境时，会发现乳胶漆墙面并不像用户所想象的那样具有绝对光滑的表面、金属制品并非呈现出用户所认为的镜面反射、水果的表面也许带有难以避免的斑点。然而，正是这些"不完美"才构成了真实的世界。因此用户在制作物体材质时应考虑到这些因素，只有这样才能够制作出"照片级"的效果。

更重要的一点是，对于材质效果的表现不可人云亦云。首先，对于任何一种材质效果的表现都可以通过多种途径实现，别人的方法可以作为思路和技巧的借鉴，但不可盲从；其次，材质的编辑应该根据场景气氛的营造和具体的制作要求来变化，不要陷入套路化的怪圈，某一种材质效果的表现手法对当前场景也许是合适的，但不一定适合所有情况。

为便于讲解，首先在渲染图像上为主要材质进行编号，如图 2-22 所示。

图 2-22　主要材质编号

 ### 2.3.1　墙体乳胶漆材质模拟

如果用户对乳胶漆墙面进行仔细观察和分析，会发现墙面材质具有以下特征：墙面对光线的反射和吸收可以根据颜色不同而有所区别，浅颜色墙面的光线反射能力较强，随墙面颜色加深光线反射能力降低。

对墙体红色乳胶漆材质进行模拟的操作步骤如下：

（1）VRaymtl 材质类型指定：选择一个默认的材质样本，并单击材质名称右侧的"Standard（标准）"按钮，在弹出的"Material/Map Browser（材质贴图浏览器）"对话框中选择 VRayMtl 材质类型，如图 2-23 所示。

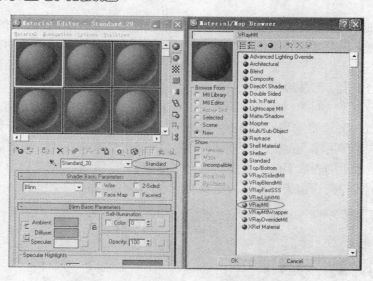

图 2-23　选择 VRaymtl 材质类型

（2）指定材质参数：在 VRaymtl 材质属性面板中，因为墙面的颜色不可能达到理想情况下的纯白，且物体颜色对光线反射也会产生影响，因此将"Diffuse（漫反射）"颜色值设置为（R=240,G=240,B=240）。

由于墙体表面往往比较粗糙，会形成面积较大的漫反射，所以将"Reflect（反射）"颜色值设置为（R=17,G=17,B=17），将"Refl. glossiness（反射模糊）"参数值设置为 0.7，并将"Subdivs（细分）"参数值设置为 3，如图 2-24 所示。

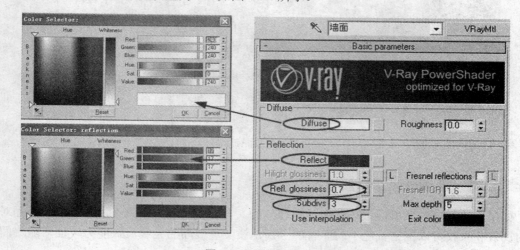

图 2-24　指定材质参数

提示： 反射颜色的"Value（亮度）"参数值控制反射强度的大小，亮度越高则反射能力越强，反之亦然。

注意： 在默认情况下，"Hilight glossiness（高光光泽度）"和"Refl. glossiness（反射模糊）"参数被锁定在一起，单击右侧的 L 按钮取消锁定，则可以分别进行不同数值的设置。

其他的材质参数保持默认状态，这样调整出的"墙面"材质球和最终渲染出的效果如图2-25 所示。

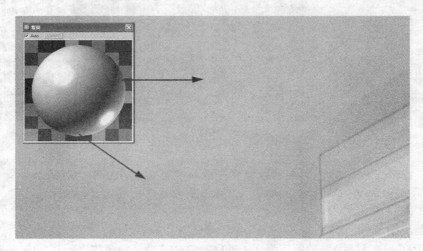

图 2-25　"墙面"材质效果

2.3.2　地毯材质模拟

在针对 VRay 渲染器所进行的材质指定中，地毯材质效果的表现可以通过"VRay fur（毛发）"和"VRayDisplacementMod（置换）"两种方式来实现，在本场景中所要表现的短而平的地毯效果将采用后一种方式来实现，真实的地毯照片如图2-26 所示。

图 2-26　短毛地毯照片

1．漫反射贴图指定

在 VRay 材质面板的"Diffuse（漫反射）"通道中指定"Falloff（衰减）"贴图类型，并在贴图属性调节面板中指定衰减颜色值分别为（R=173,G=154,B=102）和（R=223,G=209,B=200），如图 2-27 所示。

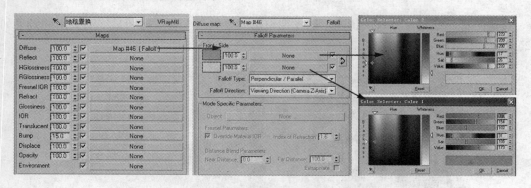

图 2-27　漫反射贴图指定

> **说明：**"Falloff（衰减）"贴图可以根据光照和观察角度在物体的边缘和中心产生不同的视觉效果，常用于对布料、窗纱、天鹅绒以及地毯绒毛等材质效果的模拟。

2．调整反射属性

设置"Reflect（反射）"颜色值为（R=62,G=62,B=62），并调整"Refl. glossiness（反射模糊）"的参数值为 0.7，同时开启"Fresnel reflections（菲涅耳反射）"选项，如图 2-28 所示。

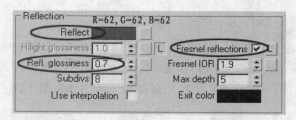

图 2-28　调整反射属性

3．凹凸效果制作

在"Bump（凹凸）"通道中指定地毯贴图，并在位图属性调节面板中将"Blur（模糊）"参数值设置为 0.1，使地毯的绒毛凹凸效果更加清晰和细腻，如图 2-29 所示。

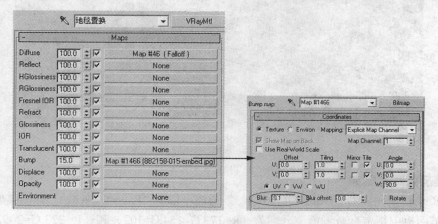

图 2-29　凹凸贴图指定

在编辑修改面板中，为地毯物体指定"VRayDisplacementMod（置换）"修改命令，并将"Bump（凹凸）"通道中的贴图路径拖曳到置换命令修改面板中的"Texmap（纹理贴图）"贴图按钮上，以"Instance（关联）"方式建立起二者之间的关联，将"Amount（数量）"参数值设置为 20，如图 2-30 所示。

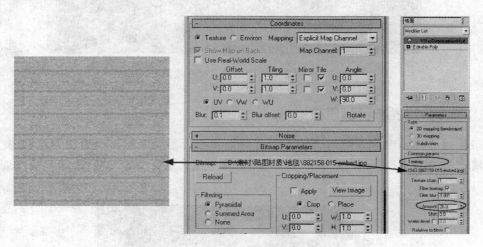

图 2-30　指定 VRay 置换修改命令

说明："VRayDisplacementMod（置换）"修改命令的作用类似于凹凸贴图，但凹凸贴图只是借助材质作用于物体表面的一种效果，而 VRay 置换修改器不但作用于物体模型，而且相较 3ds max 本身的置换贴图也具有更丰富和强烈的特点。

在编辑修改面板中，为地毯物体指定 UVW Mapping 修改命令，并在视图中调整地毯贴图的重复度，如图 2-31 所示。

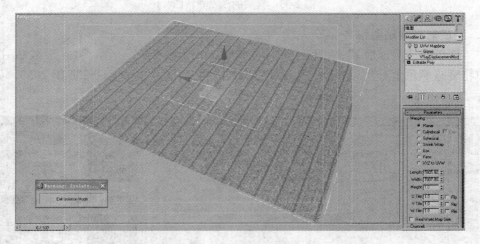

图 2-31　调整贴图重复度

这样调整出的"地毯"材质球和最终渲染后的效果如图 2-32 所示。

图 2-32　"地毯"材质效果

2.3.3　沙发布料材质模拟

布料材质传达出令人舒适柔软的视觉效果和心理感受，在材质模拟的过程中"Falloff（衰减）"贴图和"Bump（凹凸）"贴图通道的调节至关重要，真实的沙发布料照片如图 2-33 所示。

图 2-33　真实的沙发布料照片

1．漫反射衰减贴图指定

在"Diffuse（漫反射）"贴图通道中指定"Falloff（衰减）"贴图，并在衰减贴图的调节面板中将衰减颜色值分别设置为（R=255,G=176,B=49）和（R=255,G=236,B=205），如图 2-34 所示。

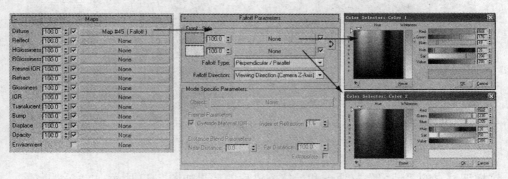

图 2-34　漫反射衰减贴图指定

2．反射属性设置

在 VRay 的材质编辑面板中，将"Reflect（反射）"选项的颜色值设置为（R=15,G=15,B=15），并调整"Refl.glossiness（反射模糊）"参数值为 0.7，同时开启"Fresnel reflections（菲涅耳反射）"选项。

3．凹凸贴图的指定与调节

在"Bump（凹凸）"通道中指定地毯贴图并将通道强度值设置为 100，如图 2-35 所示。

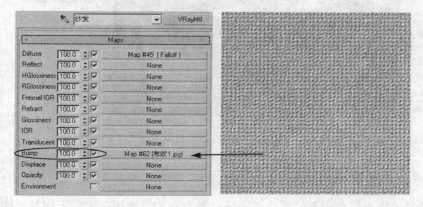

图 2-35 设置通道

为沙发的各组成部分施加 UVW Mapping 修改命令，选择 Box 贴图适配方式，并在视图中调整地毯贴图的重复度，如图 2-36 所示。

图 2-36 凹凸贴图指定与调节

技巧：在对物体进行贴图位置调整时，为了保证各组成部分的纹理疏密程度保持一致，在一个物体的贴图坐标调整完成后，其他物体可使用 UVWMap 面板中的"Acquire（获取）"功能来拾取贴图坐标。

这样调整出的"沙发布料"材质球和最终渲染后的效果如图 2-37 所示。

图 2-37　"沙发"材质效果

 ### 2.3.4　透明窗帘材质模拟

透明窗帘的特点是由于不同视角或光照以及自身的重叠而产生的不同的透明效果，制作时通常需要在"Refract（折射）"选项中利用"Falloff（衰减）"贴图类型来模拟，真实的透明窗帘照片如图 2-38 所示。

图 2-38　透明窗帘照片

1．材质表面划分

本场景中的窗帘物体由于窗帘边和窗帘布的材质和透明度有所不同，因此可以对物体表面进行划分并分别指定材质。

将窗帘物体转换为"Editable Poly（可编辑多边形）"，并在"Poly（多边形）"次物体级别分别选择窗帘边和窗帘布的表面进行 ID 指定，如图 2-39 所示。

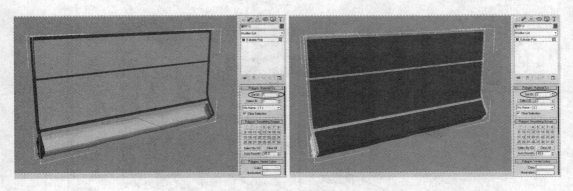

图 2-39　指定表面 ID

在材质编辑窗口中，为窗帘指定"Multi/Sub-Object（多维次物体）"材质类型，将"Set Number（设置数目）"选项参数值设置为 2，如图 2-40 所示。

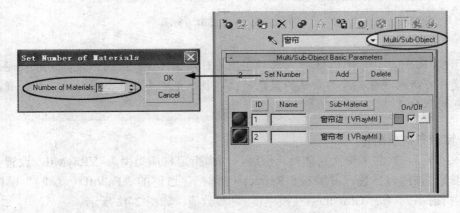

图 2-40　指定 Multi/Sub-Object 材质类型

这样就可以通过"Multi/Sub-Object（多维次物体）"材质中 ID 分别为 1 和 2 的材质样本来编辑窗帘边和窗帘布的材质效果。

> **提示：** 在制作同一物体的不同表面具有多种材质的情况下，即可以使用"Multi/Sub-Object（多维次物体）"材质来进行编辑，也可以把材质不同的物体表面进行"Detach（分离）"操作，并赋予不同的材质样本来进行编辑。

2．窗帘边材质制作

进入 ID 为 1 的多维次物体材质层级，并指定材质类型为 VRayMtl，设置"Diffuse（漫反射）"颜色值为（R=156,G=156,B=156），在"Refract（折射）"选项中指定"Falloff（衰减）"贴图类型，并设置衰减颜色值分别为（R=80,G=80,B=80）和（R=0,G=0,B=0），设置"IOR（折射率）"参数值为 1.1，设置"Glossiness（模糊度）"参数值为 0.9，如图 2-41 所示。

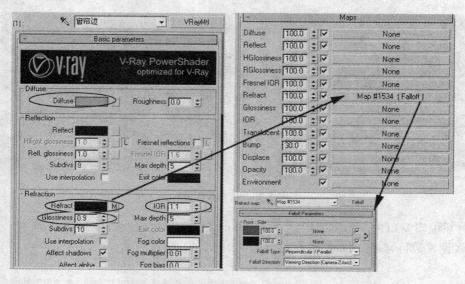

图 2-41　设置窗帘边材质

　　提示："Refract（折射）"属性用来控制材质对周围环境的折射强度，同时表现为物体的透明程度。当折射颜色亮度为默认的黑色时，则物体呈不透明状态；相反，折射颜色的亮度越高，则物体越透明。

3．窗帘布材质制作

　　进入 ID 为 2 的多维次物体材质层级，同样指定材质类型为 VRayMtl，设置"Diffuse（漫反射）"颜色为白色，并编辑"Refract（折射）"通道的"Falloff（衰减）"贴图，调整"IOR（折射率）"和"Glossiness（模糊度）"参数值，如图 2-42 所示。

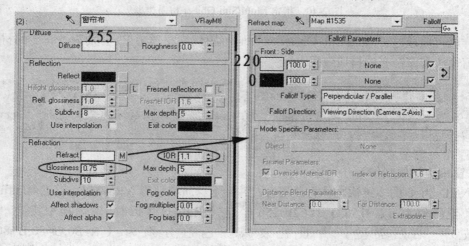

图 2-42　设置窗帘布材质

　　这样，所调整出的"窗帘"材质球和最终渲染后的效果如图 2-43 所示。

图 2-43　"窗帘"材质效果

2.3.5　磨砂不锈钢材质模拟

　　具有明显反射效果的金属材质在室内装饰设计中可以有效地增加设计的"亮点",而金属材质又可划分为镜面金属和磨砂金属等,在本场景中的沙发支脚和背板以及灯架等处都使用到了磨砂不锈钢材质效果模拟,真实的磨砂不锈钢照片如图 2-44 所示。

　　磨砂不锈钢材质的制作思路:在 VRayMtl 材质类型中,分别调整"Diffuse(漫反射)"颜色和"Reflect(反射)"颜色值为(R=193,G=193,B=193)和(R=169,G=169,B=169),并设置"Refl. glossiness(反射模糊)"参数值为 0.9,如图 2-45 所示。

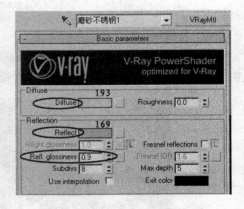

图 2-44　磨砂不锈钢照片　　　　　　　图 2-45　设置磨砂不锈钢材质

　　这样,所调整出的"磨砂不锈钢"材质球和最终渲染后的效果如图 2-46 所示。

2.3.6　书籍材质制作

　　书籍和杂志的材质主要包括对于书籍封面、封底、书籍和书页的贴图指定,在制作时可以利用"Multi/Sub-Object(多维次物体)"材质类型来对不同 ID 的物体表面进行贴图的指定,真实的书籍装帧照片如图 2-47 所示。

图 2-46 "磨砂不锈钢"材质效果

图 2-47 书籍装帧照片

1. 划分物体表面 ID

将书籍或杂志的几何体转换为"Editable Poly（可编辑多边形）"，并在"Poly（多边形）"次物体级别分别选择书籍封面、封底、书籍和书页的表面进行 ID 指定，如图 2-48 所示。

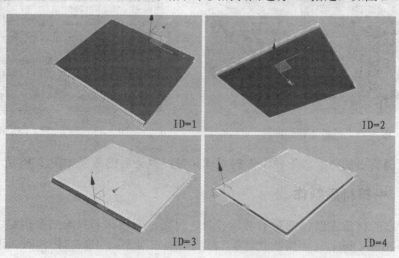

图 2-48 设置物体表面 ID

2. 贴图的赋予和调节

在材质编辑窗口中，为窗帘指定"Multi/Sub-Object（多维次物体）"材质类型，设置"Set Number（设置数目）"选项参数值为 4。

依次在每一个次级材质的"Diffuse（漫反射）"贴图通道中指定准备好的贴图，并在贴图调解面板中通过"Cropping/Placement（裁切和放置）"选项裁切得到相应的贴图部分，如图 2-49 所示。

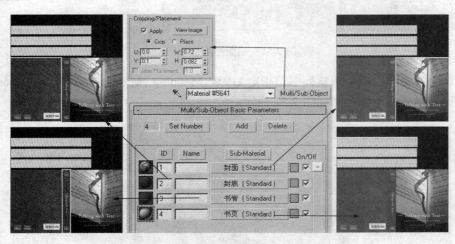

图 2-49　指定漫反射贴图

这样，所调整出的"书籍"材质球和最终渲染后的效果如图 2-50 所示。

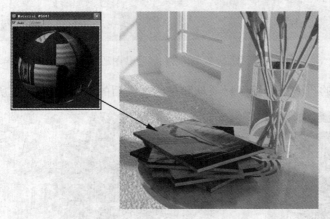

图 2-50　"书籍"材质效果

3. 大批量书籍材质的指定

在表现书架上所陈列的整齐摆放的书籍时，如果采取上述方法为每一本书的每一个表面赋予贴图是很繁复的工作，因此往往为一列书籍指定共同的材质和贴图。

选择整列的书籍并指定同一个材质样本，在"Diffuse（漫反射）"贴图通道中指定准备好的贴图，并在贴图调解面板中通过"Cropping/Placement（裁切和放置）"选项裁切得到相应的贴图部分，如图 2-51 所示。

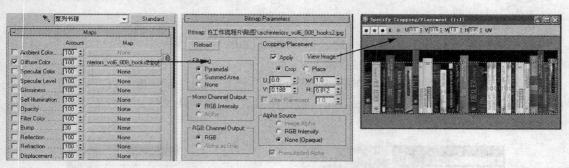

图 2-51　贴图指定与裁切

在编辑修改命令面板中为整列书籍指定 UVW Mapping 修改命令，并指定 Planar 贴图适配方式，调整贴图适配方向，如图 2-52 所示。

图 2-52　指定并调整贴图适配

这样，调整出的"整列书籍"材质球和最终渲染后的效果如图 2-53 所示。

图 2-53　"整列书籍"材质效果

到目前为止，本场景中的主体材质已经设置完毕。关于本场景中的其他材质，由于篇幅所限并没有逐一讲解，读者可以在配备的场景文件中查看其他材质的具体设置或参考后续章节的内容。

> 说明：对于同色系的家居装饰设计而言，由于没有强烈的对比和冲突，一般会显得比较温和，而且也容易创造出色彩本身的性格，比如安静的蓝、甜美的粉和清新的绿等。一般来说地面的颜色要比墙面深一些，而二者的对比如果较弱，则可以考虑将家具以跳跃的颜色出现，成为这个环境的亮点。

2.4   照明效果的设定

在对场景进行灯光的指定时，基本上遵循着"由大到小、由整体到局部"的基本思想。也就是说，首先创建并调试场景中照明范围最广、影响最大的光源（如日光场景中的天光和太阳光或夜晚场景中的吊灯），然后制作照明范围和影响居其次的光源体，最后来设置场景中照明范围和影响较小的造型光（如台灯或射灯等）。

在调试光源的强度、照射范围以及颜色倾向等属性时，用户要预先按照想象中最终要达到的整体照明效果，来预测每一盏当前调试的灯光应该达到的照明效果，并努力调节已达到预期值。在一盏灯光经过调试基本达到预期效果后，再来进行下一盏灯光的创建和调试，也就是说总体上采用"逐个击破"的策略，这样可以使调试灯光的过程目标明确，每一处光源分工明确，更容易调试出所要的照明效果。

在本章中所制作的书房场景有非常好的采光，因此本例将采用白天阳光充足的照射效果来体现通透温煦的气氛。

2.4.1   设置太阳光照射效果

1．确定阳光位置

在灯光创建面板中选择"Target Direct（目标平行光）"类型，在 Top 视图中创建目标平行光并调节其位置，如图 2-54 所示。

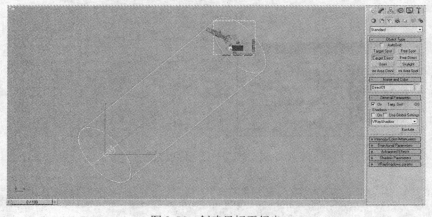

图 2-54   创建目标平行光

本场景要模拟的是午后 3 点钟左右的阳光照射效果，因此在 Front 视图中应适当调整平行光的高度，如图 2-55 所示。

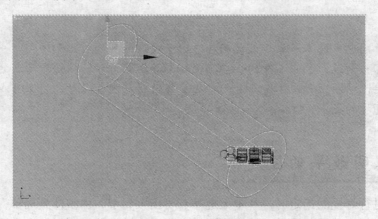

图 2-55　调整平行光高度

2．修改平行光照射参数

在编辑修改面板中，开启"Shadows（阴影）"选项，并指定阴影类型为"VRayShadow（VRay 阴影）"类型。设置"Multiplier（倍增）"参数值为 5.0，并指定颜色值为（R=243,G=192,B=82）。并在"Directional Parameters（平行光参数）"选项栏中设置"Hotspot/Beam（聚光区）"参数为 5916.0，设置"Falloff/Field（衰减区）"为 6089.0。

在"VRayShadows params（VRay 阴影参数）"卷展栏中，开启"Area shadow（区域阴影）"选项，并选择 Box 区域阴影类型，设置区域阴影面积为（U size=1000.0, V size=1000.0, W size=2000.0），如图 2-56 所示。

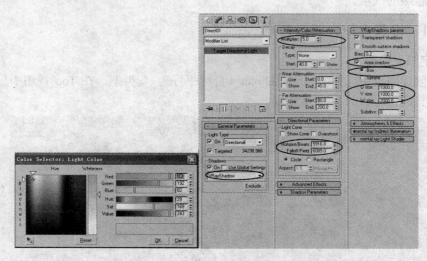

图 2-56　修改平行光照射参数

注意：在对太阳光线进行模拟时，Direct 灯光类型的渲染速度要比 VRay 自带的 VRay Light 和 VRay Sun 要快一些，而且 Direct 灯光的参数设置相对比较简单且更容易控制。

在大多数情况下，3ds max 的光线追踪阴影不能在 VRay 渲染器下得到正确的阴影效果，而 VRayShadows 不但能够提供较好的模糊效果，而且可以很好地表现出置换物体和透明物体的阴影。

3．测试阳光照明效果

在平行光的位置和参数调节完毕后，可以通过简单的测试渲染来对布光效果进行观察，并有针对性地作出修改。

在渲染设置面板中，为场景指定全局材质并将材质漫反射颜色值设置为（R=220,G=220,B=220），并将"V-Ray::Image sampler（Antialiasing）（图像抗锯齿）"卷展栏中的"Type（类型）"设置为 Fixed 方式，将"Antialiasing filter（抗锯齿过滤）"选项关闭。

为了提高渲染速度，可以关闭"V-Ray::Indirect illumination（GI）（间接照明）"选项，在"VRay::Color mapping（颜色贴图）"卷展栏中渲染"Linear multiply（线形增强）"方式，其他参数使用默认或者根据制作者的具体情况进行设置，如图 2-57 所示。

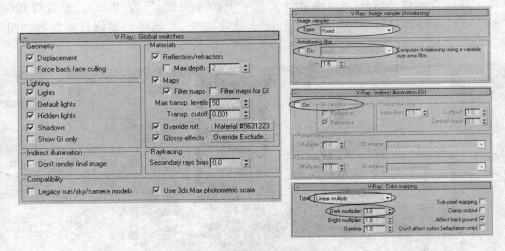

图 2-57　设置测试渲染参数

注意： 在对场景进行光照测试渲染时，制作者可以使用之前为场景中物体所指定的材质来测试，也可以出于节省时间的考虑来为场景指定全局材质。

下面对场景进行测试渲染，渲染结果如图 2-58 所示。

2.4.2　灯光的细化

在阳光的位置和照射效果调整完毕后，可以对场景中的天光照射效果进行设置。

1．VRay 片灯模拟天光照射

在本例的书房场景中带有几扇较大窗户，光线穿过窗口可以为室内带来明亮的照明效果，通过 VRay 面光可以补足 VRay 天光照明的不足。

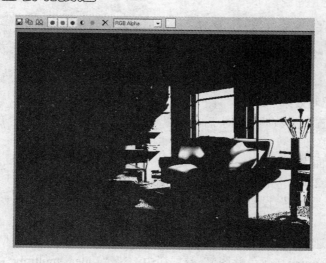

图 2-58　测试渲染结果

　　在窗口位置创建 VRayLight,并指定灯光"Type（类型）"为 Plane。设置灯光颜色值为（R=255,G=255,B=255），并开启"Invisible（不可见）"选项，其位置和参数如图 2-59 所示。

图 2-59　创建并调整 VRayLight

　　提示：VRay 灯光的"Invisible（不可见）"选项控制在渲染场景时是否显示灯光的形状，默认为可见状态。

　　注意：场景中的光源数目过少会导致渲染图像时因灯光采样不足而出现噪波现象，因此可以适当采用补光的方法来均衡场景中的光照。

　　技巧：在对场景进行布光的过程中，如果过度增加"GI Environment（skylight）override（全局照明天光）"和"Dark multiplier（暗部增强）"参数的强度，有可能会使靠近窗口的部位出现曝光且不易控制，所以可以使用 VRay Light 来对场景进行局部补光。

2. 测试渲染

接下来通过对 VRayLight 的照明进行测试渲染来检查布光效果以便作出调整。在渲染设置面板中取消全局材质，在"V-Ray::Indirect illumination（GI）（间接照明）"卷展栏中将开关选项开启，将"Primary bounces（初次反弹）"的渲染引擎维持默认的"Irradiance map（发光贴图）"方式，将"Secondary bounces（二次反弹）"的渲染引擎设置为"Light cache（灯光缓存）"如图 2-60 所示。

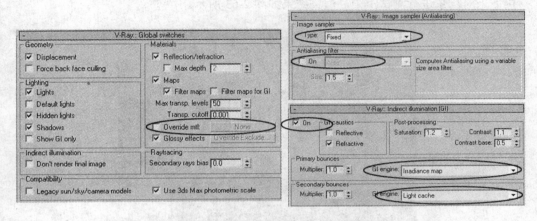

图 2-60　设置全局材质和间接光照

为了节省测试渲染所消耗的时间，所以尽量将两次反弹计算的精度设置为较低的级别。在"V-Ray::Irradiance map（发光贴图）"卷展栏中，设置"Current preset（当前模式）"为"Custom（自定义）"模式，并在下方的"Basic parameters（基本参数）"选项栏中，设置"Min rate（最小比率）"参数值为-6，设置"Max rate（最大比率）"参数值为-4，设置"HSph subdivs（半球细分）"参数值为 15，同时将"Show calc.phase（显示计算状态）"选项激活。

在"V-Ray::Light cache（灯光缓存）"卷展栏中，将"Subdivs（细分）"参数值设置为400，并同时将"store direct Light"选项激活，如图 2-61 所示。

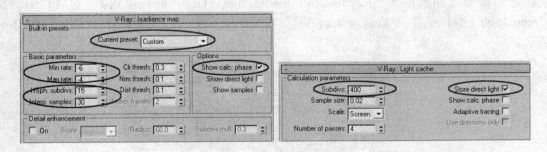

图 2-61　设置间接光照参数

在"VRay::Color mapping（颜色贴图）"卷展栏中渲染"Exponential（指数）"，其他参数使用默认或者根据制作者的具体情况进行设置，如图 2-62 所示。

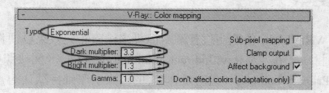

图 2-62　设置颜色贴图方式

接下来对场景进行测试渲染，渲染结果如图 2-63 所示。

图 2-63　测试渲染结果

2.4.3　环境与背景

接下来将通过环境、背景与 HDRI 反射图像的设置，使场景中的光线变化和画面表现力更加丰富。

1．饱和度与对比度调节

根据之前测试渲染所得到的结果，决定适当增加饱和度与对比度来加强温煦的室内表现，在渲染设置面板的"V-Ray::Indirect illumination（GI）（间接照明）"卷展栏中调整"Saturation（饱和度）"参数值为 1.2，设置"Contrast（对比度）"参数值为 1.1，如图 2-64 所示。

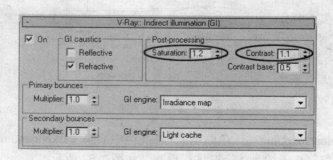

图 2-64　饱和度与对比度调节

2．设置背景

单击"Rendering（渲染）"菜单中的"Environment（环境）"命令，在弹出的"Environment and Effects（环境和背景）"设置面板中单击"Background（背景）"区域的None 按钮，并为其指定"Gradient Ramp（渐变色坡度）"贴图类型，如图 2-65 所示。

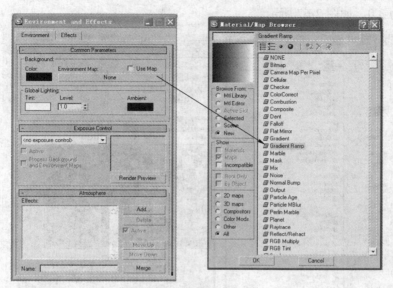

图 2-65　设置背景贴图

将"Environment and Effects（环境和背景）"设置面板中所指定的"Gradient Ramp（渐变色坡度）"贴图关联复制到材质编辑器的空白样本球上，具体的参数设置如图 2-66 所示。

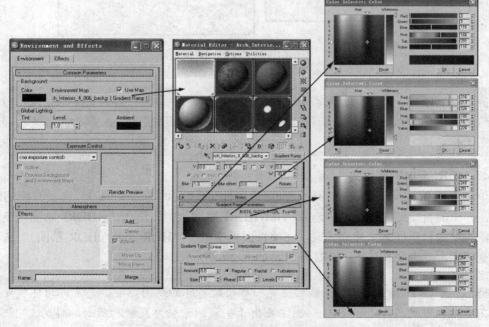

图 2-66　设置渐变色坡度贴图参数

3. 设置环境光照明

在渲染设置面板中，单击"GI Environment（skylight）override（全局光照环境）"选项右侧的贴图按钮，在弹出的材质贴图浏览器中选择"VRaySky（VRay 天光）"贴图类型。将VRaySky 贴图拖曳到材质编辑器的空白材质样本上建立关联，调整"sun turbidity（太阳光浑浊度）"参数为 3.0，如图 2-67 所示。

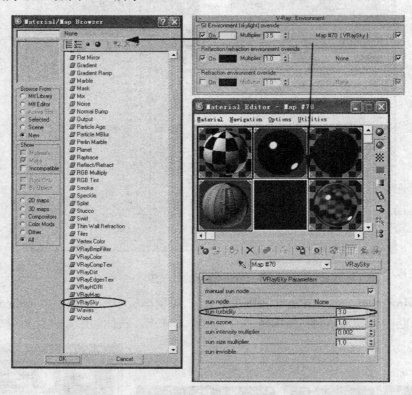

图 2-67　指定 VRaySky 贴图

> **提示：** VRaySky 的"sun turbidity（太阳光浑浊度）"参数会影响太阳光和天光的颜色，较小的值产生偏冷的颜色，表示晴朗的空气指数；而较大的值会产生偏橘黄的颜色，表示混浊的空气指数。

4. HDRI 反射贴图指定

单击"Reflection/refraction environment override（反射/折射环境）"选项右侧的贴图按钮，在弹出的材质贴图浏览器中选择 VRayHDRI 贴图类型。将 VRayHDRI 贴图拖曳到材质编辑器的空白材质样本上建立关联，在属性面板中单击"HDR map（HDR 贴图）"选项右侧的浏览按钮，并选择相应的 HDRI 图像，如图 2-68 所示。

> **提示：** VRayHDRI 高动态范围贴图是一种比较特殊的贴图类型，通常作为环境光照来使用，在本场景中使用 VRayHDRI 贴图主要出于丰富场景物体反射和折射的目的。

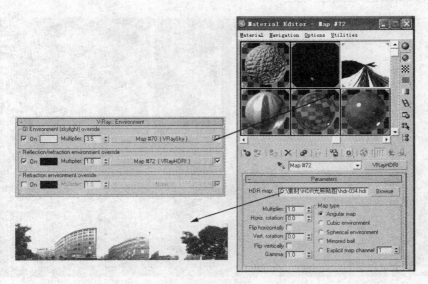

图 2-68 HDRI 反射贴图指定

再次对场景进行测试渲染，以确定场景光照效果，测试渲染结果如图 2-69 所示。

图 2-69 测试渲染结果

2.5 最终渲染参数设置

在对场景中的材质和光照等设置调节完毕后，可以准备进行最终的渲染输出。

2.5.1 灯光细分参数设置

1. 提高 VRayLight 灯光细分参数

依次选择场景中的 VRayLight 灯光，在修改面板的"Sampling（采样）"选项栏下，将"Subdivs（细分）"参数设置为 30，这样可以避免因为采样数不够而产生的噪波，如图 2-70 所示。

图 2-70　设置细分参数

2．提高灯光阴影细分参数

选择场景中用来模拟太阳光照的 Target Directional Light，在修改面板的"VRayShadow params（VRay 阴影参数）"选项栏中将"Subdivs（细分）"参数设置为 20，如图 2-71 所示。

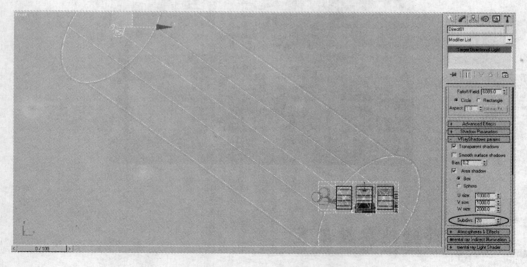

图 2-71　提高灯光阴影细分参数

2.5.2　全局光照渲染参数设置

设置全局渲染参数设置步骤如下：

（1）在渲染设置面板中设置"Output Size（输出尺寸）"为 1024×768，如图 2-72 所示。

（2）在"Render（渲染器）"面板下，将"V-Ray::Image sampler（Antialiasing）（图像抗锯齿）"卷展栏中的"Type（类型）"设置为"Adaptive QMC（自适应准蒙特卡罗）"方式，并将"Antialiasing filter（抗锯齿过滤）"类型设置为"Catmull-Rom（只读存储器）"，如图2-73所示。

图2-72 设置图像尺寸

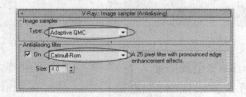

图2-73 设置图像采样参数

> 提示："Adaptive QMC（自适应准蒙特卡罗）"图像采样方式根据每个像素和它相邻像素的亮度差异产生不同数量的样本，适合于表现具有大量细节或模糊效果的场景。"Catmull-Rom（只读存储器）"抗锯齿方式是具有边缘效果显著的25像素过滤器，类似于Photoshop中的锐化效果。

（3）在"VRay::Irradiance map（发光贴图）"卷展栏中设置"Current preset（当前制式）"为High，再设置"HSph.subdivs（半球细分）"参数值为50，如图2-74所示。

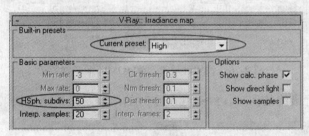

图2-74 设置发光贴图参数

（4）在"VRay::Light cache（灯光缓存）"卷展栏中设置"Subdivs（细分）"参数值为1500，并将"Sample size（样本尺寸）"参数值设置为0.01，同时将"Number of passes（通过数）"参数值设置为2，如图2-75所示。

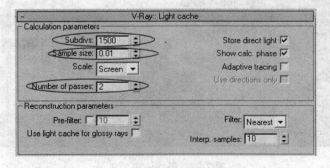

图2-75 设置灯光缓存参数

提示："Sample size（样本尺寸）"选项决定灯光缓存的样本大小，较小的值可以保护灯光锐利的细节，同时也会导致较多的噪波并占用较多的内存空间。"Number of passes（通过数）"控制图像的最终效果，较高的值可以使图像更加模糊，而较低的值会使图像效果精细，但会减慢渲染速度。通常单核的计算机可以设定数值为 1，而双核计算机可以设定数值为 2，依此类推。

（5）在"V-Ray::Environment（环境）"卷展栏中关于"GI Environment（skylight）override（全局照明天光）"选项的设置维持之前的状态即可。在"V-Ray::rQMC Sampler（准蒙特卡罗采样器）"卷展栏中，将"Adaptive amount（自适应数量）"参数值设置为 0.8，"Noise threshold（噪波阈值）"参数值设置为 0.01，"Min samples（最小样本数）"参数值设置为 20，"Global subdivs multiplier（全局细分倍增）"参数值设置为 6，如图 2-76 所示。

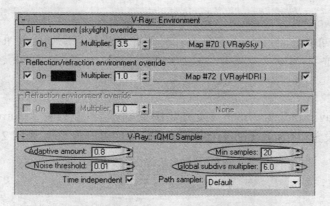

图 2-76　设置环境选项和 rQMC 采样参数

（6）对场景进行最终的渲染，经过几个小时的渲染，最终完成的效果如图 2-77 所示。

图 2-77　最终渲染效果

2.6　Photoshop 后期图像处理

在完成最终的渲染之后，可以根据具体情况使用 Photoshop 进行适当地处理。

 ### 2.6.1　图像锐化处理

在三维软件中渲染输出的图像可能在一些细节部分具有模糊的现象，可以在 Photoshop 中通过"Sharpen（锐化）"滤镜来提高细节的清晰度。

在菜单中选择"Filter（滤镜）"→"Sharpen（锐化）"→"Sharpen（锐化）"命令，为图像进行锐化处理，如图 2-78 所示。

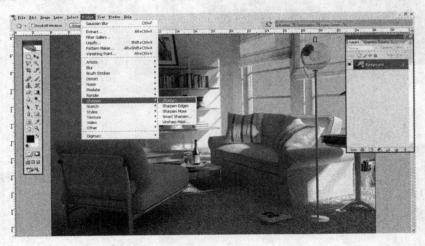

图 2-78　图像锐化处理

 ### 2.6.2　添加外景图片

使用魔术棒工具选择渲染图像中的背景部分进行删除，如图 2-79 所示。

图 2-79　删除背景图像

将准备好的外景图片放置到渲染图像的背景部分，调整背景图像的色调、位置和大小，如图 2-80 所示。

图 2-80　添加背景图像

2.7　本章小结

　　本章主要讲解了 VRay 渲染器的模拟合理性测试，结合透明窗帘、不锈钢材质、书籍材质的设置，以及太阳光的设置和对灯光进行细化等方法创建一个温馨书房的渲染效果，让广大读者对渲染的基本工作流程有初步的了解和全局性的认识。

在使用 VRay 渲染器之前，需要在 3ds max 中的 "Assign Renderer（指定渲染器）" 卷展栏中指定需要选择的渲染器。当选择好需要的渲染器后，可以单击 "Save as defaults（保存默认）" 按钮，把选择的渲染器保持为默认选择。

3.1　Frame buffer 帧缓存器设置

VRay 渲染器带有独立的图形帧渲染窗口，也就是 "V-Ray::Frame buffer（VRay 的帧缓存器）"，在其中可以设置图像的输出尺寸、图像文件的保存以及 G-buffer 图像文件的保存等相关信息。"V-Ray::Frame buffer（VRay 的帧缓存器）" 的参数面板和帧缓存器窗口如图 3-1 所示。

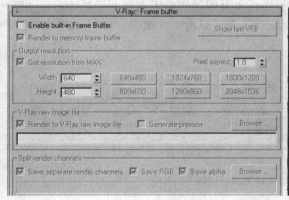 

图 3-1　VRay 帧缓存器参数面板和窗口

 ### 3.1.1　VRay 帧缓存器面板的使用

VRay 帧缓存器面板的操作步骤如下：

（1）选中 Enable built-in Frame Buffer（开启帧缓存器窗口）：开启该选项可以使用 VRay 自身的渲染窗口，否则将使用 3ds max 默认指定的渲染窗口进行渲染图像的显示。

（2）在打开 VRay 帧缓存器窗口后，用户可以单击渲染设置窗口上方的 "Common（通用）" 选项卡，在 "Common Parameters（通用参数）" 卷展栏中关闭 "Rendered Frame Window（渲染帧窗口）" 选项，否则在渲染时 VRay 的帧缓存器窗口和 3ds max 默认的渲染帧窗口将同时存在，并耗费更多的系统内存，如图 3-2 所示。

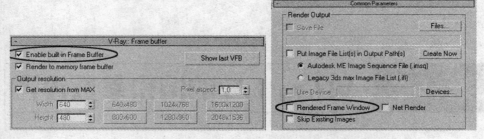

图 3-2　帧缓存器窗口

> **提示：** 当 VRay 的帧缓存器窗口和 3ds max 默认的渲染帧窗口同时存在时，并不会在渲染过程中输出数据到 3ds max 默认的渲染帧窗口中，但是为了节省内存，仍然应该关闭渲染帧窗口。

（3）在图像渲染结束后，单击"V-Ray::Frame buffer（VRay 的帧缓存器）"参数面板中的"Show last VFB（显示上一次渲染图像）"按钮，可以将之前渲染的图像在帧缓存器窗口中显示出来。

（4）在"V-Ray::Frame buffer（VRay 的帧缓存器）"参数面板中，取消"Get resolution from MAX（从 MAX 获得分辨率）"选项，可以在下方的选项栏中设置渲染尺寸，否则将从 3ds max 渲染面板中的"Common（通用）"选项卡下的"Output（输出）size"选项栏中获取图像渲染尺寸的信息，如图 3-3 所示。

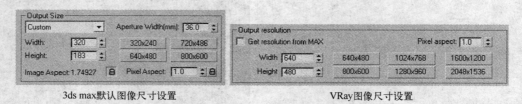

3ds max默认图像尺寸设置　　　　　　　　　　　　VRay图像尺寸设置

图 3-3　图像尺寸设置窗口比较

（5）在渲染图像之前，开启"V-Ray::Frame buffer（VRay 的帧缓存器）"参数面板中的"Render to memory frame buffer（渲染到内存帧缓冲）"选项，可以将图像渲染到内存当中，而 VRay 的帧缓存窗口也将显示出渲染图像以便于调整。当该选项处于关闭状态时，渲染图像将不会被保存在内存当中，渲染窗口将不会出现，而直接保存到指定的硬盘路径中。

> **提示：** 当制作者对将要渲染的图像确认无误时，可以取消"Render to memory frame buffer（渲染到内存帧缓冲）"选项，这样可以节约一定的内存资源，通常适用于大型场景的渲染。

（6）关闭"Render to memory frame buffer（渲染到内存帧缓冲）"选项后，用户可以开启下方的"Render to V-Ray raw image file（渲染为 VRay 自身图形文件）"选项，并单击右侧的 Browse... 按钮，在"Save V-Ray image file（保存 VRay 图像文件）"窗口中指定文件的存储

路径，如图 3-4 所示。

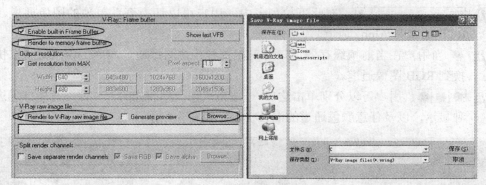

图 3-4　保存 VRay 自身图形文件

注意： 所保存的 VRay 自身图形文件的扩展名为*.Vrimg，不能使用 Windows 的图像浏览器以及 Photoshop 等程序进行查看，用户可以单击菜单栏中的"File（文件）"　→"View Image File（查看图像文件）"命令进行查看。

（7）打开"V-Ray::Frame buffer（VRay 的帧缓存器）"参数面板中的"Save separate render channels（保存分离渲染通道）"选项，并单击 按钮指定保存路径和文件名称，可以保存 VRay 的反射、折射通道、高光通道和阴影通道等渲染元素到硬盘上。

提示： 在"V-Ray::G-Buffer/Colormapping（VRay 的 G 缓冲颜色贴图）"展卷栏中所指定的输出通道不同，保存的渲染元素也将有所不同。

3.1.2　帧缓存器窗口的使用

VRay 的帧缓存器窗口包含顶部和底部两个功能区域，如图 3-5 所示。

顶部功能区

底部功能区

图 3-5　VRay 的帧缓存器窗口

1. 顶部功能区域

：在此下拉列表中，用户可以切换查看单独的图像通道，包括 RGB 通道和 Alpha 通道。

●：当用户在当前帧缓存器窗口中正在查看其他图像通道，单击该按钮可以快速切换到 RGB 图像通道。

● ● ●：用户可以分别单击这 3 个按钮来切换到图像的红、绿、蓝图像通道的单独显示，以及任意颜色通道的混合状态，如图 3-6 所示。

图 3-6　显示颜色通道

○：查看图形 Alpha 通道。

提示：渲染图像所带有的 Alpha 通道包含图像的透明度信息，方便于在 Photoshop 等后期图像处理软件中进行图像内容的抠除及修饰等操作。

●：以灰度模式显示图像，用来观察图像的明暗和灰度变化。

■：单击该按钮将弹出"Browse Image for Output（浏览输出图像）"窗口，在其中可以设置渲染图像保存的路径和格式。

✕：清除帧缓存器窗口中的渲染图像的显示。

注意：单击该功能按钮将清除内存中关于渲染图像的信息，并且不能恢复。

：单击该按钮将复制渲染图像到 3ds max 的缓存窗口中，但仍然是 VRay 的预留参数信息，如图 3-7 所示。

图 3-7　复制图像到渲染帧窗口

　　：跟随光标轨迹进行区域渲染，按下该按钮并将光标在缓存窗口中任意移动，
　　　VRay 将优先渲染鼠标所指向的区域。

2．底部功能区域

　　：单击该按钮，将弹出"Color Correction（颜色校正）"窗口，在其中可以对图像
　　　的曝光度、色阶和色彩曲线等进行调整，色阶的调整效果如图 3-8 所示。

图 3-8　图像色阶调整

　　：对错误的颜色进行校正，如图 3-9 所示。

图 3-9　颜色校正

　　：单击该按钮可以查看被调整的颜色区域，如图 3-10 所示。

图 3-10　显示被调整的颜色区域

i：单击该按钮将弹出"Pixel information（像素信息）"窗口，在其中可以显示图像中每个像素的坐标、颜色和 Alpha 通道等信息。

：在对图像的色阶进行调整后，单击该按钮可以显示色阶调整后的图像效果。

：单击该按钮可以显示图形的曲线调整效果。

：单击该按钮可以显示图形的曝光调整效果。

：转化图像的 Gamma 值为 2.2 的 SRGB 空间，如图 3-11 所示。

图 3-11　转化图像 Gamma 值

说明：Gamma 矫正一般用于平滑地扩展暗调的细节，当用于 Gamma 矫正的值大于 1 时，图像的高光部分被压缩而暗调部分被扩展，当 Gamma 矫正的值小于 1 时，图像的高光部分被扩展而暗调部分被压缩。

3.2　Global Switches 全局开关设置

"V-Ray::Global switches（VRay 全局开关）"卷展栏主要对场景中的几何体、照明、材质和光线追踪等进行全局设置，其参数面板如图 3-12 所示。

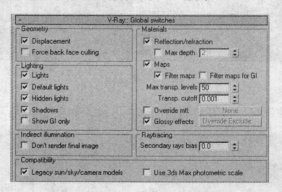

图 3-12　VRay 全局开关参数面板

3.2.1　几何体选项栏

"Geometry（几何体）"选项栏主要控制是否开启场景中的置换效果和摄像机的强制背面消隐选项。

1．置换

当"Displacement（置换）"选项处于开启状态时，将在场景中应用 VRay 的置换效果；如果该选项处于关闭状态，则场景中将不会显示置换效果。该选项默认情况下处于开启状态。

> 提示：在 VRay 的置换系统中存在两种置换系统，一种是材质贴图通道中的"Displacement（置换）"贴图通道；另一种是施加于物体的"VRayDisplacementMod（VRay 置换修改器）"命令。

2．强制背面消隐

在使用 VRay 渲染器进行图像渲染时，如果摄像机的机位处于对象外部，即使已经对场景中的对象进行了法线的反转，并且在视图中能够显示出对象内部的情况，而在渲染时摄像机镜头仍将被对象的外表面所阻挡。

当"Force back face culling（强制背面消隐）"选项在开启状态下，可以使得在图像渲染过程中穿透物体表面的阻挡而观察到物体内部，如图 3-13 所示。

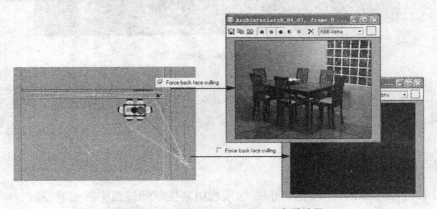

图 3-13　Force back face culling 选项效果

> 注意：在使用"Force back face culling（强制背面消隐）"选项时，作为前提用户应该调整对象的法线方向向内，使得摄像机有可能穿透对象表面的阻挡。

 ### 3.2.2　照明选项栏

照明选项栏用于对照明进行控制。

- "Lights（灯光）"：VRay 场景中所有手动设置灯光的总开关。当该选项处于关闭状态时，系统不会渲染任何手动设置的灯光，即使各灯光参数修改面板中的开关选项处于开启状态。

> 注意："Lights（灯光）"选项的控制范围不包括 3ds max 的系统默认灯光。

- "Default lights（默认灯光）"：该选项控制是否在图像渲染时启用 3ds max 的系统默认灯光。

提示： 当场景中未设置任何手动灯光时，使用系统默认灯光可以渲染出场景中对象的形状和颜色，但如果场景中手动设置了直接灯光对象，系统默认灯光将自动关闭。

▧ "Hidden lights（隐藏灯光）"：该选项控制是否在进行图像渲染时计算场景中隐藏状态的灯光效果。关闭该选项，将不渲染隐藏灯光的照明效果，默认为开启状态。

▧ "Shadows（阴影）"：该选项控制是否渲染场景中所有灯光照明所产生的对象阴影。取消该选项，渲染图像中将出现对象阴影效果，默认为开启状态。

▧ "Show GI only（只显示全局照明）"：该选项处于开启状态时，渲染图像将只显示全局照明的光照效果，如图 3-14 所示。

图 3-14　Show GI only 效果

提示： 当开启"Show GI only（只显示全局照明）"选项时，虽然在渲染图像中只显示全局照明效果，但在渲染过程中仍然计算了直接光照。

 ### 3.2.3　间接照明选项栏

"Indirect illumination（间接照明）"选项栏用来控制间接照明的效果控制。

 "Don't render final image（不渲染最终图像）"：该选项控制是否渲染最终图像。当该选项处于开启状态时，VRay 将只计算全局光照各个渲染引擎的光照贴图，而不渲染最终图像。通常用于计算图像尺寸较小的发光贴图和光子贴图，这对于减少渲染贴图文件所需要的时间具有很大意义，启动效果如图 3-15 所示。

图 3-15　Don't render final image 选项效果

提示：在 VRay 中对场景进行渲染，出于节省时间的考虑，通常可以先设置较小的图像尺寸来输出发光贴图和光子贴图并进行存储，而后再拾取所输出的贴图文件，设置较大的图像尺寸渲染最终图像，这样可以大幅度减少渲染所耗费的时间。

 ### 3.2.4　材质选项栏

"Materials（材质）"选项栏主要控制对场景中对象材质的反射、折射以及是否应用贴图过滤等设置。

　　"Reflection/refraction（反射/折射）"：该选项控制在渲染图像时，是否计算场景中材质的反射和折射效果，如图 3-16 所示。

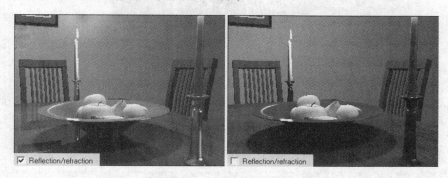

图 3-16　Reflection/refraction 选项效果

提示：在对场景中模型合理性进行测试以及在检验光照强度的分配时，可以考虑将该选项开启，以减少渲染所耗费的时间。

　　"Max depth（最大深度）"：该选项控制材质反射/折射的最大反弹次数，默认为禁用。
　　"Maps（贴图）"：该选项控制在渲染时是否计算对象贴图通道中的程序贴图和纹理贴图，如图 3-17 所示。

图 3-17　Maps 选项效果

注意：当"Maps（贴图）"选项处于关闭状态时，漫反射通道中的颜色将取代贴图进行显示。

"Filter maps（过滤贴图）"：该选项控制在进行图像渲染时是否对纹理贴图进行过滤，包括各种特殊类型的模糊等。

 "Max transp levels（最大透明级别）"：该选项控制透明材质被光线追踪的最大深度，参数值越高则光线追踪的效果越好，而消耗的渲染时间就越多。

 "Transp.cutoff（透明终止）"：该选项用于控制渲染器对透明材质的追踪终止阈值。

 "Override mtl（全局材质）"：该选项用于为场景中所有的对象指定统一的材质进行渲染，如图 3-18 所示。

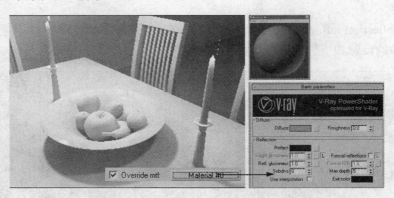

图 3-18　Override mtl 效果

说明：在对场景中模型的合理性以及太阳光照方向进行测试时，通常使用"Override mtl（全局材质）"功能，这样可以节省对象材质反射、折射以及贴图纹理等属性所耗费的渲染时间。

注意：在开启"Override mtl（全局材质）"选项后，如果没有在后面的　 None 　按钮中手动指定材质，将自动按照 3ds max 的标准材质进行覆盖。

 "Glossy effects（光泽效果）"：该选项控制对材质进行反射或折射模糊等优化，当该选项处于关闭状态时，材质编辑器中已经设置了模糊的材质，将不能渲染出反射或折射模糊效果，如图 3-19 所示。

图 3-19　Glossy effects 选项效果

> **提示**：材质的反射/折射模糊效果由材质编辑面板中"Basic Parameters（基本参数）"选项栏下的"Refl.glossiness（反射模糊）"和"Glossiness（折射模糊）"参数进行控制。

 ### 3.2.5　光线追踪选项栏

"Raytracing（光线追踪）"选项栏主要用来纠正光线追踪计算时由于模型原因所导致的计算错误。

> 　"Secondary rays bias（二级光线偏移）"选项控制光线发生二次反弹时的偏置距离，主要用来纠正由于模型表面重合所导致的渲染图像中出现的黑斑。

当场景中存在对象表面重合的现象时，通常可能会导致渲染图像中出现黑色的斑块，这时可以尝试设置较小的"Secondary rays bias（二级光线偏移）"参数值来对这种现象进行纠正。

> **说明**：在对场景进行光线和材质的调试前，通常应该为场景指定全局材质，并设置较低的渲染级别参数来对场景进行测试渲染，这样可以及早发现由于模型问题导致的错误，并有针对性地进行解决。

3.3　Image sampler（Antialiasing）（图像采样（抗锯齿））

"V-Ray::Image sampler（Antialiasing）（图像采样（抗锯齿））"卷展栏主要控制在进行渲染时，采用何种图像采样方式和抗锯齿过滤器对场景进行二维图像渲染，如图 3-20 所示。

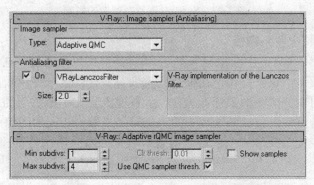

图 3-20　图像采样和抗锯齿参数面板

3.3.1　图像采样选项组

在"Image sampler（图像采样）"选项组下包含 3 种采样控制器，分别是"Fixed（固定比率）"采样器、"Adaptive rQMC（自适应准蒙特卡罗）"采样器和"Adaptive Subdivision（自适应细分）"采样器。

1. 固定比率采样器

"Fixed（固定比率）"是 VRay 图像采样控制器中最简单的一种，对每一个像素使用固定的样本数量。该采样方式可以兼顾渲染图像的品质和消耗的渲染时间，适合场景中存在大量模糊效果的情况。

> "Subdivs（细分）"控制参数：在"Fixed（固定比率）"采样器下只存在一个控制参数，就是"V-Ray::Fixed image sampler（VRay 固定比率图像采样）"选项栏中的"Subdivs（细分）"参数，如图 3-21 所示。

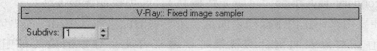

图 3-21　V-Ray: Fixed image sampler 选项栏

"Subdivs（细分）"参数控制每个像素的采样数目，随着该参数值的增加，渲染图像中对象的边缘也由锯齿效果而逐渐变得平滑，当然渲染时间也会相应的增加，如图 3-22 所示。

图 3-22　Subdivs 参数对图像的影响

2. 自适应准蒙特卡罗采样器

"Adaptive rQMC（自适应准蒙特卡罗）"采样器根据每个像素和它相邻像素的亮度差异来产生不同的样本数量。也就是说，在拥有大量细节变化的区域使用较高的图像采样，而在较为平坦的区域采用较低的图像采样。这在很大程度上优化了所占用的系统资源，同样意味着相对于其他采样器而言，它能够以较少的渲染时间来取得相同的图像效果。

对于拥有大量模糊效果和细节的场景而言，该采样器应该作为首选，该采样器的参数面板如图 3-23 所示。

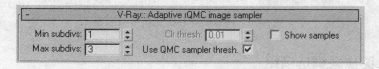

图 3-23　Adaptive rQMC image sampler 选项栏

> "Min subdivs（最小细分）"：该参数定义每个像素所应用的最少采样数量，针对画面中的平坦区域，如图 3-24 所示。

图 3-24　Min subdivs 参数对图像的影响

📖　"Max subdivs（最大细分）"：该参数定义每个像素所应用的最多采样数量，针对画面中明暗变化丰富的细节区域。

📖　"Clr thresh（色彩阈值）"：该参数控制色彩灰度的最小判断值，当系统对色彩灰度的判断达到阈值后将停止对色彩继续进行判断，而根据判断得到的数据来区分哪些区域是平坦区域，而哪些区域具有变化的细节，进一步来决定图像采样的数值。

📖　"Use QMC sampler thresh（使用 QMC 采样阈值）"：该选项当处于开启状态时，"Clr thresh（色彩阈值）"参数将不再作为色彩判断的参照，而使用"V-Ray::rQMC Sampler（VRay 准蒙特卡罗采样器）"选项栏中的"Noise threshold（噪波阈值）"参数值来作为色彩判断的标准。

3. 自适应细分采样器

"Adaptive Subdivision（自适应细分）"采样器是一种高级采样器，针对模糊效果较少的场景而言，能够用较少的时间取得其他采样器同样的品质，但对于具有大量模糊的场景而言则并不适合，表现相同的图像品质需要消耗更多的时间，该采样器的参数面板如图 3-25 所示。

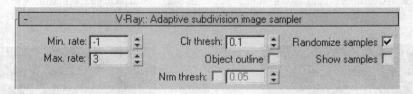

图 3-25　Adaptive subdivision image sampler 选项栏

📖　"Min rate（最小比率）"：该参数定义每个像素所应用的最少采样数量。

📖　"Max rate（最大比率）"：该参数定义每个像素所应用的最多采样数量。

📖　"Clr thresh（色彩阈值）"：该参数控制色彩灰度的最小判断值，当系统对色彩灰度的判断达到阈值后将停止对色彩继续进行判断，而根据判断得到的数据来区分哪些区域是平坦区域，而哪些区域具有变化的细节，进一步来决定图像采样的数值。

📖　"Object outline（物体轮廓线）"：该选项在开启状态下，将对物体边缘进行强制的抗锯齿处理，从而使物体轮廓具有更高的品质。

"Nrm thresh（法线阈值）"：该参数可以用来决定物体表面法线的采样程度，当达到该值时将不再对物体表面进行采样，并进一步来决定图像采样的数值。

 "Randomize samples（随机样本）"：该选项在开启状态下，将对物体表面进行随机采样，并提高准确性。

 "Show samples（显示样本）"：该选项在开启状态下，将显示"Adaptive subdivision（自适应细分）"采样器的样本分布情况。

3.3.2 抗锯齿过滤器选项组

"Antialiasing filter（抗锯齿过滤）"选项组用于控制场景中的材质贴图的过滤方式，针对纹理贴图的渲染效果，默认为开启状态。

在 Area 抗锯齿下拉列表中提供了 14 种抗锯齿过滤方式，其中 10 种方式下的图像对比效果如图 3-26～3-35 所示。

图 3-26　Area 抗锯齿过滤器渲染效果

图 3-27　Sharp Quadratic 抗锯齿过滤器渲染效果

图 3-28　Cubic 抗锯齿过滤器渲染效果

图 3-29　Video 抗锯齿过滤器渲染效果

图 3-30　Soften 抗锯齿过滤器渲染效果

图 3-31　Blend 抗锯齿过滤器渲染效果

图 3-32　Blackman 抗锯齿过滤器渲染效果

图 3-33　Mitchell-Netravali 抗锯齿过滤器渲染效果

图 3-34　Catmul-Rom 抗锯齿过滤器渲染效果

图 3-35　VRayLanczosFilter 抗锯齿过滤器渲染效果

- "Area（区域）"抗锯齿过滤器使用不同大小的区域过滤方式来进行抗锯齿计算，通过"Subdivs（细分）"参数来决定控制区域的大小。

- "Sharp Quadratic（清晰四方形）"抗锯齿过滤器是一种来自 Nelson Max 的清晰 9 像素重组过滤器。

- "Quadratic（四方形）"抗锯齿过滤器是基于四边形样条曲线的 9 像素模糊过滤器。

- "Cubic（立方体）"抗锯齿过滤器是基于立方体样条曲线的 25 像素模糊过滤器。

- "Video（视频）"抗锯齿过滤器是针对 NTSC 和 PAL 视频播放而进行优化的 25 像素模糊过滤器。

- "Soften（柔化）"抗锯齿过滤器是可调整的高斯柔化过滤器，可以适度产生模糊效果。

- "Cook Variable（变量）"抗锯齿过滤器主要有"Size（型号）"参数值进行控制，当该值介于 1～25 之间时，产生清晰锐利的图像，当该值大于 25 时则产生模糊的图像。

- "Blend（混合）"抗锯齿过滤器可以在清晰区域和粗糙柔化过滤器之间混合。

- "Blackman（黑人）"抗锯齿过滤器是清晰的 25 像素过滤器，但边缘没有增强效果。

- "Mitchell-Netravali（两参数）"抗锯齿过滤器是在圆环、模糊和各向异性之间交替使用的过滤器类型。该过滤器具有很好的抗锯齿效果，但也会消耗较多的渲染时间。

- "Catmul-Rom（只读存储器）"抗锯齿过滤器是具有边缘增强功能的 25 像素过滤器，效果类似于为图像应用了 Photoshop 中的"Filter（锐化）"滤镜。

- "Plate Match/MAX R2（板面匹配/MAX R2）"抗锯齿过滤器是用来匹配贴图物体与背景板面的 MAX R2 方式。

- "VRayLanczosFilter（VRayLanczos 过滤器）"是在 VRay 中执行 Lanczos 过滤方式的过滤器类型。

- "VRaysincFilter（VRaysinc 过滤器）"是在 VRay 中执行 sinc 过滤方式的过滤器类型。

3.4　间接光照（GI）

　　"V-Ray::Indirect illumination（GI）（VRay 间接光照（GI））"卷展栏主要控制间接光照计算引擎和具体的参数调整，具体的参数面板如图 3-36 所示。

3.4.1　间接光照（GI）控制选项

1."On（开关）"选项

　　默认情况下，间接光照（GI）计算处于关闭状态，在"V-Ray::Indirect illumination（GI）（VRay 间接光照（GI））"卷展栏中勾选"On（开启）"选项后，才能够在图像渲染过程中加入间接光照计算，开启间接光照前后的渲染图像对比如图 3-37 所示。

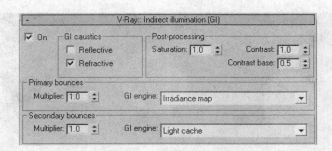

图 3-36　Indirect illumination（GI）参数面板

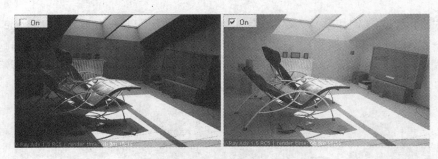

图 3-37　间接光照对渲染图像的影响

2．全局光照焦散选项组

"GI caustics（全局焦散）"选项组主要控制由间接光照而产生的反射和折射焦散效果。

　"Reflective（反射）"选项：决定间接光照射到具有反射属性的材质表面所产生的焦散效果，默认为关闭状态，如图 3-38 所示。

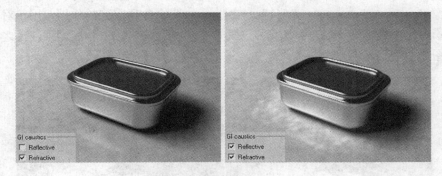

图 3-38　反射焦散效果

　"Refractive（折射）"选项：决定间接光穿过透明物体时产生光线聚集的效果，默认为开启状态，如图 3-39 所示。

3．处理选项组

"Post-processing（后期处理）"选项组主要用于对间接照明在最终渲染前所做的调整工作，包括饱和度和对比度等效果控制。

图 3-39　折射焦散效果

📖 "Saturation（饱和度）"参数：该参数的作用类似于 Photoshop 中的 "Image（图像）" → "Adjustment（调整）" → "Saturation" 命令所起的作用，用于对图像的饱和度进行调整，当参数值增大时，图像的饱和度相应提高，反之亦然，如图 3-40 所示。

图 3-40　Saturation 参数影响效果

📖 "Contrast（对比度）"参数：该参数的作用类似于 Photoshop 中的 "Image（图像）" → "Adjustment（调整）" → "Contrast" 命令所起到的作用，用于对图像的色彩对比度进行调整，当参数值增大时，图像的色彩对比度相应增强，反之亦然，如图 3-41 所示。

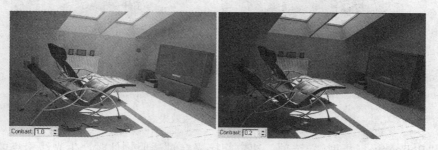

图 3-41　Contrast 参数影响效果

📖 "Contrast base（对比度基础）"参数：该参数的作用同 "Contrast（对比度）"参数类似，区别在于 "Contrast base（对比度基础）"参数的调节作用主要针对图像的明暗对比度。

📖 "Save maps per frame（保存每帧图像）"选项：该选项开启后，动画渲染过程中将对每一个单帧图像施加 "Post-processing（后期处理）"参数控制，默认为开启状态。

4．初次反弹选项组

"Primary bounces（初次反弹）"选项组主要用来控制间接光照的初次反弹强度以及进行计算所使用的渲染引擎。

- "Multiplier（倍增）"参数：该参数控制光线初次反弹的倍增值，参数值越大则场景越亮，反之亦然。
- "GI engine（全局光照引擎）"：控制用于计算光线初次反弹的渲染引擎，提供了 4 种方式，分别是"Irradiance map（发光贴图）"、"Photon map（光子贴图）"、"Quasi-Monte Carlo（准蒙特卡罗）"和"Light cache（灯光缓存）"。

5．二次反弹选项组

- "Multiplier（倍增）"参数：该参数控制光线二次反弹的倍增值，参数值越大则场景越亮，反之亦然。
- "GI engine（全局光照引擎）"：控制用于计算光线二次反弹的渲染引擎，提供了 4 种方式，分别是"None（不使用）"、"Photon map（光子贴图）"、"Quasi-Monte Carlo（准蒙特卡罗）"和"Light cache（灯光缓存）"。

3.4.2　发光贴图控制选项

"V-Ray::Irradiance map（VRay 发光贴图）"卷展栏控制"Irradiance map（发光贴图）"光线计算引擎的各种参数选项，具体的参数面板如图 3-42 所示。

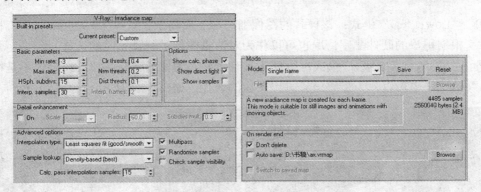

图 3-42　Irradiance map 参数面板

"Irradiance map（发光贴图）"光线计算引擎只能做为初次引擎而使用，当"Primary bounces（初次反弹）"选项组中的"GI engine（全局光照引擎）"选定该方式后，"V-Ray::Irradiance map（VRay 发光贴图）"卷展栏才能被激活。

1．内置预设选项组

"Built-in presets（内置预设）"选项组提供了 8 种系统预设的计算模式，可以根据制作需要选择相应的计算模式。

- "Custom（自定义）"模式：该模式下用户可以根据需要对各种控制参数进行设置。
- "Very Low（非常低）"模式：该模式一般用于对渲染图像效果进行预览，可以用于测试光源的基本照明效果和材质的基本色调等。由于缺少足够的采样点，所以图像缺乏足够的细节，对于物体阴影的渲染并不精确，但所需的渲染时间也比较少，如图 3-43 所示。

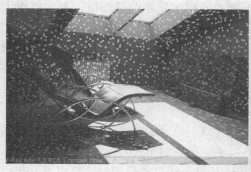

图 3-43　Very Low 模式图像采样与渲染效果

> **提示：** 在对场景中的光照强度以及材质基本色调等元素进行粗略调节时，出于节省时间的考虑，用户可以选择"Very Low（非常低）"模式，也可以在"Custom（自定义）"模式下，将"Min rate（最小比率）"和"Max rate（最大比率）"等决定质量和速度的参数值调整为更小的数值。

- "Low（低）"模式：该模式的图像细节与品质高于"Very Low（非常低）"模式，根据用户的硬件配置情况也可以作为对渲染图像进行预览时的选择。
- "Medium（中级）"模式：该模式具有较好的图像细节与品质，在要求不是很高的情况下也可以作为最终渲染输出图像的选择，如图 3-44 所示。

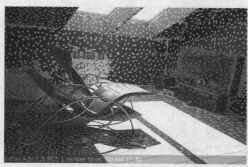

图 3-44　Medium 模式图像采样与渲染效果

- "Medium-animation（中等-动画）"模式：该模式是一种针对动画的模式，能够有效减少渲染动画图像中所出现的闪烁现象。

> **说明：** 动画图像输出所产生的闪烁现象在一定程度上是由于图像采样精度不够造成的，这样每一帧的渲染图像会在细节处产生细微的不同，作为单帧图像来观察并不会出现问题，但作为动画进行连续快速播放时会在细节处产生闪烁现象。

- "High（高级）"模式：该模式下所生成的图像具有高质量的细节，同时也会耗费大量的渲染时间。
- "High-animation（高级动画）"模式：在渲染高质量图像的同时加入了解决动画闪烁现象的功能。
- "Very High（非常高）"模式：画面质量和细节最好的预设模式，当然所需的渲染时间也更多。

2．基本参数选项组

"Basic Parameters（基本参数）"选项组主要用来对同"Irradiance map（发光贴图）"光线计算引擎有关的各项参数进行调整。

- "Min rate（最小比率）"参数控制光线首次传递的采样数量，主要针对图像中比较平坦的区域，如图 3-45 所示。

图 3-45　Min rate 采样数量比较

> **注意**：通常情况下应该保持"Min rate（最小比率）"参数为负值，这样全局光照可以快速的计算出图像中平坦的区域，当该参数值等于或大于 0 时，发光贴图的计算将比直接光照计算慢，并占用较多的系统内存。

- "Max rate（最大比率）"参数控制光线最终传递的采样数量，主要针对图像中细节丰富的区域，如图 3-46 所示。

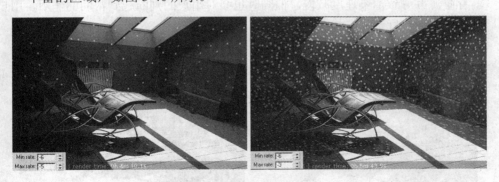

图 3-46　Max rate 采样数量比较

- "Hsph subdivs（半球细分）"参数决定光照采样的质量，参数值越高则采样质量越好，而花费的渲染时间越多，反之参数值降低则可能会在渲染图像中出现斑块，如图 3-47 所示。

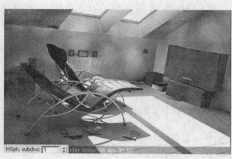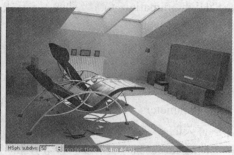

图 3-47　Hsph subdivs 采样质量比较

"Interp.samples（插值采样）"参数控制用于插值计算全局光照样本的数量，也就是对"Min rate（最小比率）"和"Max rate（最大比率）"和"Hsph subdivs（半球细分）"的模糊程度，较大的参数值将得到较模糊的细节，而较小的参数值将得到锐利的细节，但是也可能会导致斑块的产生。

"Clr thresh（色彩阈值）"参数控制色彩灰度的最小判断值，当系统对色彩灰度的判断达到阈值后将停止对色彩继续进行判断，而根据判断得到的数据来区分哪些区域是平坦区域，而哪些区域具有变化的细节，进一步来决定图像采样的数值。

"Nrm thresh（法线阈值）"参数根据对物体法线方向的判断进行采样值的划分，较小的参数值可以提高法线判断的灵敏度，提供更加准确的对于物体法线方向的信息。

"Dist thresh（距离阈值）"参数可以确定发光贴图引擎对于两个表面距离变化的物体的敏感程度，进一步判定物体表面的弯曲程度。

"Interp. frames（插值帧）"参数指渲染动画时，当前帧之前和之后的图像的发光贴图采样数目。

"Show calc.phase（显示计算状态）"选项控制在计算过程中是否显示样本。在开启该选项后，发光贴图的计算过程会显示在帧缓存窗口中，当然这样会占用一定的内存资源并导致渲染速度减慢，但同时也会对用户的判断起到帮助的作用，用户可以根据需要自行选择，如图 3-48 所示。

图 3-48　显示全局光照计算状态

"Show direct light（显示直接照明）"选项在默认情况下为关闭状态，当开启"Show calc.phase（显示计算状态）"选项后，该选项才被激活。启用"Show direct light（显示直接照明）"选项后，在显示计算状态时将只显示直接光照的计算过程。

"Show Samples（显示样本）"选项开启后，可以在渲染图像中显示出发光贴图样本的分布情况，如图 3-49 所示。

图 3-49　显示样本

3. 细部增强选项组

"Detail enhancement（细部增强）"选项组控制最终渲染时为发光贴图添加"rQMC（准蒙特卡洛）"准蒙特卡洛的处理，添加更好的细节，默认为关闭状态，其参数面板如图 3-50 所示。

图 3-50　Detail enhancement 选项组

该选项组是专门针对场景中细节区域的一种增强运算，在 VRay 1.5 之前版本中要增加细节区域的光照计算则需要增加采样数量，但同时平坦区域的采样数也同样会有所增加，而开启"Detail enhancement（细部增强）"选项后可以单独计算物体的边线和交叉区域。

"Scale（比例）"下拉式菜单中提供了"Radius（半径）"参数计算的两种单位方式："Screen（屏幕）"和"World（世界）"。

提示：在"Screen（屏幕）"方式下，"Radius（半径）"参数的计算以当前渲染图像的尺寸来确定，越靠近摄像机的样本尺寸越小，反之，越远离摄像机的样本尺寸越大；而在"World（世界）"方式下，"Radius（半径）"参数的计算将以国际标准的米制为单位，样本尺寸大小相同。

"Radius（半径）"参数决定细节增强的作用半径。较小的参数值意味着在细节区域周围较小的范围内进行高精度采样，这样可以加快渲染速度但精确度会降低；而较大的参数值意味着图像中较大的区域将应用细节增强计算，但速度也会减慢。

"Subdivs mult.（细分倍增）"参数决定高精度采样区域的样本数目，可以被计算为

"Hsph subdivs（半球细分）"参数的倍数，也就是说当"Subdivs mult.（细分倍增）"参数值为 1 时，同发光贴图采样数目相同的样本被使用，而较小的参数值会导致细部区域出现斑点。

开启"Detail enhancement（细部增强）"功能前后的渲染图像对比如图 3-51 所示。

图 3-51　Detail enhancement 效果对比

> 提示：在开启"Detail enhancement（细部增强）"选项后可以适当降低全局光照"Max rate（最大比率）"和"Min rate（最小比率）"参数值，并增大"Interp.samples（插值采样）"参数值，这样可以在保证图像质量的同时节省一定的渲染时间。

4. 高级选项组

"Advanced options（高级选项）"参数主要控制对样本的相似点使用哪种插补方式，以及对样本的查找方式等内容进行设置，其参数面板如图 3-52 所示。

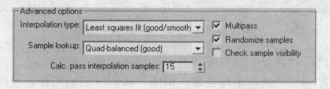

图 3-52　Advanced options 参数面板

"Interpolation type（插补类型）"下拉式菜单中提供了 4 种插补类型可供选择。在不同的插补类型下，对应某个给定像素，VRay 对其存储在光照贴图中的全局采样点将进行不同的插补计算方式。4 种插补类型分别是"Weighted average（加权平均值）"、"Least squares fit（最小平方适配）"、"Delone triangulation（三角测量法）"和"Least squares w/Voronoi weights（最小平方加权测量法）"。

> 说明：在四种插补类型中，"Weighted average（加权平均值）"插补类型所产生的渲染图像质量是最差的，而"Least squares w/Voronoi weights（最小平方加权测量法）"插补类型所产生的渲染图像质量最好，但是所需的渲染时间也最长。

"Sample lookup（样本查找）"选项决定在图像渲染时，发光贴图中被用于插补基础的合适点的选择方法。在下拉菜单中提供了四种方式，分别是"Quad-balanced（最靠近四方平衡）" 方式、"Nearest（最靠近）" 方式、"Overlapping（覆盖）"方式和"Density-based（基于密度）"方式。

"Calc.pass interpolation samples（计算传递插补样本）"参数用于在计算发光贴图时，描述已经被查找的样本数量。官方推荐的取值范围在 10-25 之间，较低的参数值可以加快计算过程，但是会导致信息存储不足，而较高的参数值会减慢速度，但由于可用的样本数量较多，所以图像质量也比较好。

"Multipass（多重预计算）"选项在开启状态下，可以根据"Max rate（最大比率）"和"Min rate（最小比率）"参数值进行多次预计算，这样可以使得采样点的分布比较均匀。当该选项处于关闭状态，则强制使用一次预计算。

"Randomize samples（随机采样）"选项处于开启状态下，发光贴图的样本将会随机进行摆放，如图 3-53 所示。

图 3-53　随机采样效果

提示："Randomize samples（随机采样）"选项处于关闭状态下，发光贴图的样本将按照有序的网格进行摆放，如图 3-54 所示。

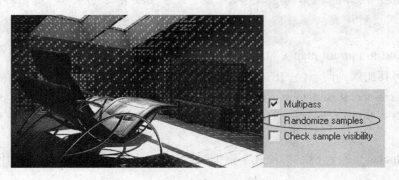

图 3-54　有序网络采样效果

"Check sample visibility（检查采样可视性）"选项在开启状态下可以解决灯光穿透较薄物体时所产生的漏光现象。

注意：在开启"Check sample visibility（检查采样可视性）"选项后会导致图像渲染速度变慢，用户也可以尝试增大全局光照的处理参数来解决漏光现象。

5. 模式选项组

"Mode（模式）"选项组提供了发光贴图的不同使用模式，其参数面板如图 3-55 所示。

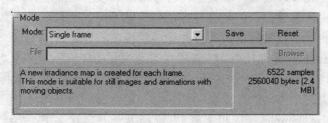

图　3-55

"Mode（模式）"下拉菜单提供了 8 种可供选择的发光贴图模式，用户可以根据场景渲染的需要来进行选择。

- "Single frame（单帧）"模式下，VRay 单独计算每一帧图像的光照贴图，所有之前计算的光照贴图都将被删除。

- "Multiframe incremental（多重帧增加）"模式下，VRay 基于前一帧的图像来计算当前帧的光照贴图。VRay 计算哪些区域需要重新进行全局光照采样，并将其加入到之前的光照贴图中。该模式主要用于仅有摄像机移动的动画渲染，也可以用于网络渲染时每一个服务器都计算或精炼它们自身的发光贴图。

- "From file（文件）"模式下，每个单独帧的光照贴图都是同一张图，而在渲染开始前，可以导入已经保存好的光照贴图，这样在渲染过程中将不再重新计算光照贴图。

注意：在选择"From file（文件）"模式对场景进行渲染时，如果对摄像机角度进行了重新定位，则会导致错误的计算机结果，这是因为在渲染之前存储的发光贴图没有记录，VRay 不会重新进行计算。

- "Add to current map（加入当前贴图）"模式下，VRay 单独计算当前帧的光照贴图并将其加入到前一帧的图像中,这样可以得到更加精确和丰富的光子信息。

- "Incremental add to current frame（以插补方式加入当前贴图）"模式下，VRay 基于前一帧的图像来计算当前帧的光照贴图，对一些没有计算过的区域进行重新计算。

- "Bucket mode（块）"模式下将把图像分割成块来进行计算，主要用于网络联机渲染。

- "Animation（prepass）（动画（预处理））"模式用于对物体移动动画进行预处理，该模式下每一帧图像将被单独计算并进行保存，但是计算只针对发光贴图，而最终图像并不会被渲染出来。

"Animation（rendering）（动画（渲染））"模式下，可以使用"Animation（prepass）（动画（预处理））"模式下所计算的发光贴图，来渲染移动物体的最终动画图像。

"Save（保存）"按钮用于将发光贴图保存在硬盘上；"Reset（重置）"按钮用于清空内存中的发光贴图；"Browse（浏览）"按钮用于在"From file（文件）"模式下，单击该按钮可以选择存储在硬盘上的发光贴图来进行最终图像的渲染。

6. 在渲染之后选项组

"On render end（在渲染之后）"选项组主要控制在渲染结束后如何处理内存中的发光贴图，其参数面板如图 3-56 所示。

图 3-56　On render end 选项组

"Don't delete（不删除）"选项在开启状态下，VRay 会在渲染结束后，将光照贴图保存在内存中，否则该光照贴图会被自动删除，而内存将会被清空。

"Auto save（自动保存）"选项在开启状态下，光照贴图会在渲染结束后自动保存在所指定的硬盘目录下。

"Switch to saved map（切换到保存的贴图）"选项只有在开启"Auto save（自动保存）"选项的情况下才会被激活，开启该选项将自动使用最新渲染的发光贴图来进行图像渲染。

 ### 3.4.3　准蒙特卡罗控制选项

"Quasi-Monte Carlo（准蒙特卡罗）"渲染引擎通常作为"Secondary Bounces（二次反弹）"渲染引擎来使用，这时"V-Ray::Quasi-Monte Carlo GI（准蒙特卡罗全局光照）"参数面板被激活，如图 3-57 所示。

图 3-57　Quasi-Monte Carlo GI 参数面板

"Subdivs（细分）"参数控制全局光照计算过程中所使用的近似的样本数量，当参数值较低时容易在图像中出现杂点，如图 3-58 所示。

"Secondary bounces（二次反弹）"参数值控制光线二次反弹次数，该参数只有当"Quasi-Monte Carlo（准蒙特卡罗）"渲染引擎被指定为"Secondary Bounces（二次反弹）"渲染引擎时会被激活，参数值越大则光线二次反弹越充分，而场景则越明亮，如图 3-59 所示。

图 3-58　Subdivs 参数效果比较

图 3-59　Secondary bounces 参数效果比较

3.4.4　灯光缓存控制选项

只有当"Light Cache（灯光缓存）"渲染引擎被作为光线计算引擎进行选择后，"V-Ray::Global Light Cache（VRay 全局光照灯光缓存）"参数面板才会被激活，如图 3-60 所示。

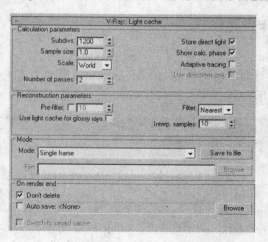

图 3-60　Global Light cache 参数面板

1. 计算参数选项组

"Caculation parameters（计算参数）"选项组中的各选项和参数主要用来对灯光缓存渲染引擎的细分值、样本尺寸以及单位等进行控制。

"Subdivs（细分）"参数用来控制灯光缓存渲染引擎的样本数量。

提示： 当参数值较低时，由于样本数量不够，会导致渲染图像中出现大面积的斑块，当然渲染速度很快，通常适用于对场景的光照方向和强度进行预览，如图 3-61 所示。

图 3-61　Subdivs 为 100 时的渲染效果

提示： 当参数值较大时，对于全局光照的计算采用了更多的样本，这样对于细节区域的计算更加精确，将得到细腻的图像效果，同样也会花费较多的渲染时间，如图 3-62 所示。

图 3-62　Subdivs 为 800 时的渲染效果

"Sample size（样本尺寸）"参数控制灯光缓存的样本大小，当参数值较小时，样本的尺寸较小，可以使照明区域产生锐利的细节，但是可能会出现较多的杂点，并花费较多的渲染时间，如图 3-63 所示。

图 3-63　Sample size 为 0.01 时的渲染效果

提示：当参数值大时，样本的尺寸较大，占用的内存空间较小，渲染速度加快，如图 3-64 所示。

图 3-64　Sample size 为 0.04 时的渲染效果

"Scale（比例）"选项控制样本尺寸的计算单位，提供了"Screen（屏幕）"和 "World（世界）"两种方式。

提示：在"Screen（屏幕）"方式下，样本尺寸的计算以当前渲染图像的尺寸来确定，越靠近摄像机的样本尺寸越小，反之越远离摄像机的样本尺寸越大；在"World（世界）"方式下，样本尺寸的计算以国际标准的米制为单位，样本尺寸大小相同，不同单位下的渲染图像如图 3-65 所示。

图 3-65　不同单位制式下的渲染图像

"Number of passes（通过数）"参数对渲染图像的清晰程度有一定的影响，当参数值较大时图像会产生一定程度的模糊。

提示："Number of passes（通过数）"参数值通常根据 CPU 数目来决定，例如 CPU 数目为 1 则通过数设置为 1，CPU 数目为 2 则通过数设置为 2。

"Store direct light（存储直接光照）"选项在开启状态下，灯光缓存将存储直接光照信息。对于存在很多光源或发光贴图等场景而言，该选项可以有效提高渲染速度。关闭该选项，则会使渲染图像偏暗并产生噪波，但阴影会更加准确，如图 3-66 所示。

图 3-66　Store direct light 选项对图像的影响

“Show Calc phase（显示计算状态）”选项控制在计算过程中是否显示被追踪的路径。

“Adaptive tracing（自适应追踪）”选项用于记录场景中光照区域，并采集更多的样本。

“Use directions only（只对直接光照使用）”选项只有当开启“Adaptive tracing（自适应追踪）”选项后才会被激活，该选项的作用在于只记录直接光照，而忽略间接光照。

2．重建参数选项组

“Reconstruction parameters（重建参数）”选项组主要控制对灯光样本进行模糊处理。

“Pre-filter（预过滤）”选项在开启状态下，可以使样本在渲染之前查找样本边界并进行过滤，如图 3-67 所示。

图 3-67　Pre-filter 参数为 10 时的渲染图像

提示：当“Pre-filter（预过滤）”参数值过大时，对样本边界的颜色均化处理幅度加大，会导致图像比较模糊，如图 3-68 所示。

图 3-68　Pre-filter 参数为 50 时的渲染图像

　"Filter（过滤器）"选项的下拉菜单中提供了三种过滤方式，分别是"None（无）"、"Nearest（最近）"和"Fixed（固定）"方式。

提示："None（无）"方式下将不使用过滤器，这样最靠近着色点的样本被作为发光值使用。"Nearest（最近）"方式下过滤器将寻找样本边界并进行颜色均化处理，并通过"Interp samples（插值样本）"参数控制样本的过滤程度，参数值过大会导致图像产生模糊，如图 3-69 所示。

图 3-69　Nearest 过滤器效果比较

提示："Fixed（固定）"方式下过滤器会搜索着色点某一距离范围内的所有灯光缓存样本，并计算平均值。在该方式下通过"Filter size（过滤尺寸）"参数对搜索范围进行指定，参数值过大会导致图像产生模糊，如图 3-70 所示。

图 3-70　Fixed 过滤器效果比较

"Use light cache for glossy rays（使用灯光缓存平滑光线）"选项用于优化场景光线。

3．模式选项组

"Mode（模式）"选项组同"Irradiance map（发光贴图）"选项栏中的相应部分功能基本相同，仅在选项的种类和数量略有不同。

"Single frame（单帧）"模式下，VRay 单独计算每一帧图像的灯光缓存，所有之前计算的灯光缓存都将被删除。

"Fly-through（穿越）"模式主要针对动画图像的渲染输出，在该模式下仅对第一帧的灯光缓存进行计算，而后应用在之后的每一帧图像中。

"From file（文件）"模式下，每个单独帧的灯光缓存都是同一张图，而在渲染开始前，可以导入已经保存好的灯光缓存，这样在渲染过程中将不再重新计算灯光缓存。

"Progressive path tracing（追踪优化路径）"模式简称 PPT，在计算灯光缓存过程中不进行任何优化，所以计算结果十分精确，仅针对摄像机视野范围内的被追踪光线路径进行计算。

4．渲染结束后选项组

"On render end（渲染结束后）"选项组主要用于对灯光缓存的样本进行处理，其参数面板如图 3-71 所示。

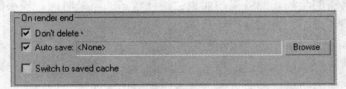

图 3-71　On render end 选项组

"Don't delete（不删除）"选项在开启状态下，VRay 会在渲染结束后，将灯光缓存文件保存在内存中，否则该灯光缓存文件会被自动删除，而内存将会被清空。

"Auto save（自动保存）"选项在开启状态下，灯光缓存文件会在渲染结束后自动保存在所指定的硬盘目录下。

"Switch to saved map（切换到保存的贴图）"选项只有在开启"Auto save（自动保存）"选项的情况下才会被激活，开启该选项将自动使用最新渲染的灯光缓存文件来进行图像渲染。

3.4.5　光子贴图控制选项

"Photon map（光子贴图）"渲染引擎是基于场景中的灯光密度进行光照计算的，只有当该渲染引擎被作为光线计算引擎进行选择后，"V-Ray::Global Photon map（VRay 全局光照光子贴图）"参数面板才会被激活，其参数面板如图 3-72 所示。

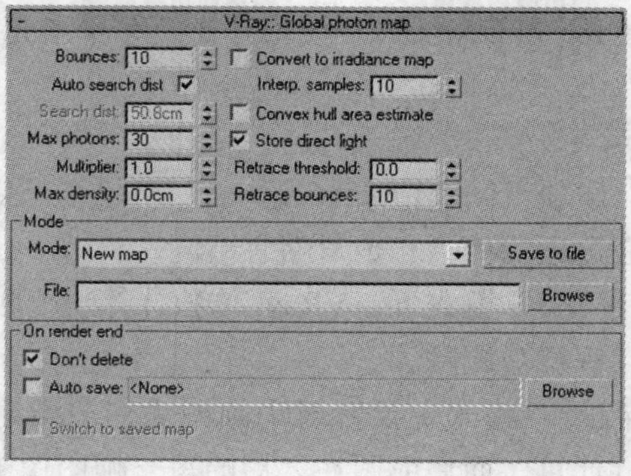

图 3-72　Photon map 参数面板

> **注意：**"Photon map（光子贴图）"渲染引擎仅支持 3ds max 的 Direct 平行光和 VRayLight 灯光类型，在计算其他类型灯光照明时无法取得正确的效果，这使得该引擎的使用范围比较狭窄。

"计算参数"选项组中的各选项和参数主要用来对光子贴图渲染引擎的反弹值、最大光子数以及最大密度等进行控制。

- "Bounces（反弹）"参数用于控制光线反弹的次数，较大的反弹次数可以计算出比较接近真实的全局光照效果，而也会消耗较多的渲染时间，较小的反弹次数会导致全局光照计算不完全而使得场景偏暗。

- "Auto search dist（自动搜索距离）"选项在开启状态下，VRay 将根据场景中的光照信息估算距离进行光子的搜索，但是自动指定的搜索距离不一定十分准确，有些情况下产生的距离可能会过大，导致图像中出现噪波。

- "Search dist（搜索距离）"参数只有当"Auto search dist（自动搜索距离）"选项开启后才会被激活，允许用户手动输入光子搜索距离。

> **注意：**较小的"Search dist（搜索距离）"参数值可以加快渲染速度，但容易产生噪波，较大的参数值则会导致渲染变慢。

- "Max photons（最大光子数）"参数决定场景中着色点周围参与计算的光子数目，较高的参数值可以产生平滑的图像，通常保持默认即可。

- "Multiplier（倍增）"参数控制光子贴图的亮度。

- "Max density（最大密度）"参数控制光子贴图的分辨率，也就是说在多大范围内使用一个光子贴图，参数值与图像质量成反比。

- "Convert to irradiance map（转化为发光贴图）"选项开启后将对光子贴图进行模糊处理，得到较为平滑的图像效果。

- "Interp.samples（插值采样）"参数控制对光子贴图进行发光贴补的样本数量。

- "Convex hull area estimate（凸起表面区域评估）"选项在开启状态下可以有效去除图像中出现的黑斑，但是会减慢渲染速度。

📓 "Store direct light（存储直接照明）"选项在开启状态下会将直接照明信息存储在光子贴图中，可以节省渲染时间。

📓 "Retrace threshold（反弹极限值）"参数控制光子进行反弹的倍增极限值，较小的参数值可以加快渲染速度。

📓 "Retrace bounces（反弹次数）"参数值设置光子反弹的次数，较大的参数值可以得到平滑的图像效果，而渲染速度也会减慢。

> **提增**："Mode（模式）"和"On render end（在渲染结束）"部分参数选项同"Irradiance map（发光贴图）"和"Light cache（灯光缓存）"部分相同，这里不再进行讲解。

3.5　Caustics（焦散）

"Caustics（焦散）"是光线穿过透明的折射属性物体（如玻璃），或者从具有反射属性的物体表面（如金属物体）反射后，所产生的一种特殊的光线汇聚的光学现象，真实环境中的反射和折射焦散效果如图 3-73 所示。

图 3-73　真实环境中的反射和折射焦散

> **注意**：在计算间接光照的焦散效果时，不但要开启"V-Ray::Indirect illumination（GI）（VRay 间接光照（GI））"卷展栏中的相应选项，还需要开启"V-Ray::Caustics（VRay 焦散）"卷展栏中的开关选项。

📓 "Multiplier（强度）"参数用于控制焦散发生的强度，参数值越大则焦散效果亮度越高，如图 3-74 所示。

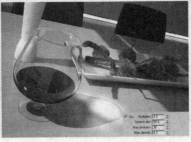

图 3-74　Multiplier 影响效果对比

3ds max/VRay
超写实效果图表现技法

提示：用户也可以在灯光对象上单击鼠标右键，在标记菜单中选择"V-Ray properties（VRay 属性）"命令，进入"V-Ray properties（VRay 属性）"窗口后调整"Caustics multiplier（焦散倍增）"参数来影响焦散效果的亮度，如图 3-75 所示。

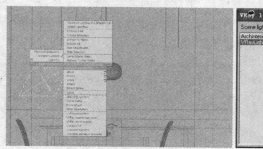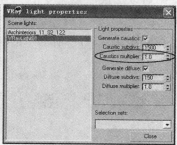

图 3-75　灯光 VRay 属性窗口

提示：对于焦散效果的亮度调节，也可以在产生焦散的物体上单击鼠标右键，并在标记菜单中选择"V-Ray properties（VRay 属性）"命令，在 VRay 属性窗口中调整"Caustics multiplier（焦散倍增）"参数值来影响焦散亮度，如图 3-76 所示。

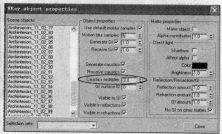

图 3-76　物体 VRay 属性窗口

"Search dist（搜索距离）"参数是指当 VRay 追踪撞击在物体表面的某个光子时，会自动搜索位于周围区域统一平面内的其他光子。该搜索区域实际是以光子为中心的圆形区域，而"Search dist（搜索距离）"参数值则相当于圆形区域的半径，较小的参数值会导致斑状焦散出现，而较大的参数值则会产生模糊的焦散效果，如图 3-77 所示。

图 3-77　Search dist 影响效果对比

📓　"Max photons（最大光子数）"参数用于指定单位区域内光子的最大数量，也就是说当 VRay 追踪撞击在物体表面的某个光子时，同时会对周围区域内的光子数量进行计算，并计算这些光子对该区域所产生照明的平均值。如果光子数量超出了平均值，则会产生比较模糊的焦散效果，如果低于默认值的光子数量会导致焦散效果消失，如图 3-78 所示。

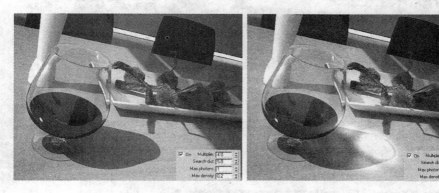

图 3-78　Max photons 影响效果对比

📓　"Max density（最大强度）"参数用于控制光子的最大密集程度，较小的参数值可以使焦散效果更加锐利，而较大的参数值使焦散效果产生模糊。

3.6　Environment（环境）

"V-Ray::Environment（VRay 环境）"卷展栏主要用于对环境颜色和贴图、反射/折射颜色和贴图进行指定，其参数面板如图 3-79 所示。

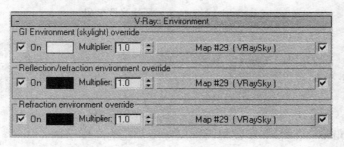

图 3-79　Environment 参数面板

3.6.1　全局光照环境选项组

"GI Environment（skylight）（全局光照环境（天光））"选项组可以对 3ds max 的环境设置进行替代，并可以使环境光和天光贴图结合使用。

📓　"On（开关）"选项在默认情况下处于关闭状态，启用该选项后，可以打开 VRay 的环境光，同时 3ds max 的环境光照设置将不再起作用。3ds max 的环境光照效果如图 3-80 所示。

图 3-80　3ds max 的环境光照效果

> 提示：开启"GI Environment（skylight）（全局光照环境（天光））"，并在贴图面板中指定 VRaySky 贴图后的图像渲染效果如图 3-81 所示。

图 3-81　VRay 全局环境光照效果

> 提示：在开启"GI Environment（skylight）（全局光照环境（天光））"后，3ds max 的"Environment and Effects（环境和特效）"面板中所指定的背景贴图仍将起作用。

　"Color（颜色）"选项用于指定环境和天光的颜色。

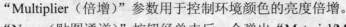　"Multiplier（倍增）"参数用于控制环境颜色的亮度倍增。

"None（贴图通道）"按钮经单击后，会弹出"Material/Map Browser（材质/贴图浏览器）"窗口，用户可以指定一张贴图，并经过贴图进行环境光和天光的照射。

> 注意：在指定了天光环境贴图后，"Color（颜色）"选项下所指定的环境光颜色和"Multiplier（倍增）"参数将不再起作用。

3.6.2　反射/折射环境覆盖选项组

"Reflection/refraction environment override（反射/折射环境替代）"选项组用于计算场景

中的反射/折射时替代 3ds max 自身的环境设置。具体选项的设置方法同 "GI Environment（skylight）（全局光照环境（天光））" 的用法基本相同。指定了反射/折射贴图的图像渲染效果如图 3-82 所示。

图 3-82　VRay 反射/折射环境光照效果

3.7　随机准蒙特卡罗

"V-Ray::rQMC Sampler（VRay 随机准蒙特卡罗）" 卷展栏主要控制在开始进行一次新的采样时，对每一个采集到的样本进行计算，并决定是否继续进行采样。而采集样本的数量以及样本的精确程度都将对景深、面积光照、间接照明、模糊反射/折射以及运动模糊等效果产生很大影响，其参数面板如图 3-83 所示。

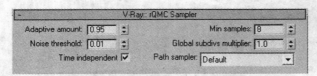

图 3-83　rQMC Sampler 参数面板

"Adaptive amount（自适应数量）" 参数值用于控制早期终止应用的范围，当参数值为 0 时则意味着早期终止计算方法不被使用，当参数值为 1 时，意味着最大程度的早期终止，该参数值大小与渲染所需时间成反比，当参数值为 1 时的渲染效果如图 3-84 所示。

图 3-84　Adaptive amount 为 1 时的渲染图像

技巧：在对场景进行最终渲染输出时可以适当减小"Adaptive amount（自适应数量）"的参数值，增加采样数量和精细度，当参数值为 0.75 时的渲染效果如图 3-85 所示。

图 3-85　Adaptive amount 为 0.75 时的渲染图像

 "Noise threshold（噪波阈值）"参数用于控制图像中杂点和噪波的出现，参数值越小则图像中出现的噪波越少，当参数值为 0.05 时的渲染效果如图 3-86 所示。

图 3-86　Noise threshold 为 0.05 时的渲染图像

 "Min samples（最小采样）"参数用于确定在早期终止计算方法被使用前需要获得的最少参数样本数量，当参数值为 20 时的渲染效果如图 3-87 所示。

图 3-87　Min samples 为 20 时的渲染图像

"Global subdivs multiplier（全局细分倍增）"参数用于控制 VRay 中任何参数细分值，在对场景进行测试渲染时，可以适当减小该参数值以加快渲染速度。

"Path sampler（路径采样）"下拉菜单中提供了两种路径样本的选择方式，分别是"Halton（奥尔顿）"方式和"Latin super cube（拉丁超级立方体）"方式。

3.8　色彩贴图

"V-Ray::Color mapping（VRay 色彩贴图）"选项栏主要用于控制场景中灯光的衰减方法和色彩的不同模式，其参数面板如图 3-88 所示。

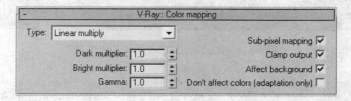

图 3-88　Color mapping 参数面板

"Type（类型）"下拉菜单中提供了不同的曝光模式，分别是"Linear multiply（线性倍增）"、"Exponential（指数）"、"HSV exponential（HSV 指数）"、"Intensity exponential（强度指数）"、"Gamma correction（伽马校正）"、"Intensity Gamma（亮度伽马）"和"Reinhard（混合曝光）"模式，如图 3-89 所示。

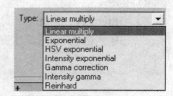

图 3-89　曝光类型

提示："Linear multiply（线性倍增）"类型是系统默认的曝光模式，容易在靠近光源的区域出现曝光现象，如图 3-90 所示。

图 3-90　Linear multiply 曝光类型图像效果

提示："Exponential（指数）"类型下可以有效去除靠近光源的区域所出现的曝光现象，同时也使得场景的饱和度有所降低，如图 3-91 所示。

图 3-91　Exponential 曝光类型图像效果

提示："HSV exponential（HSV 指数）"类型与"Exponential（指数）"类型比较接近，区别在于该曝光模式下可以保持靠近光源区域的色调和饱和度，并取消光照物体高光的计算。

"Intensity exponential（强度指数）"类型是对"Exponential（指数）"类型的一种优化，既避免了靠近光源区域所产生的曝光现象，又保持了场景中颜色的饱和度，如图 3-92 所示。

图 3-92　Intensity exponential 曝光类型图像效果

提示："Gamma correction（伽马校正）"类型可以对场景中的灯光衰减和贴图色彩进行校正，其效果同"Linear multiply（线性倍增）"类型十分接近。

"Intensity Gamma（亮度伽马）"类型不但可以对场景中的灯光衰减和贴图色彩进行校正，而且还可以校正光源亮度。

提示："Reinhard（混合曝光）"类型相当于将"Linear multiply（线性倍增）"和"Exponential（指数）"两种曝光方式结合起来，通过"Burn value（混合值）"参数来调配线性曝光和指数曝光的混合值。当"Burn value（混合值）"参数值趋近于 0 时，则曝光方式更接近于指数曝光方式，如图 3-93 所示。

图 3-93　Burn value 为 0.2 时的渲染图像

技巧：当"Burn value（混合值）"参数值趋近于 1 时，则曝光方式更接近于线性曝光方式，用户可以根据场景光照的特点来调整曝光程度，如图 3-94 所示。

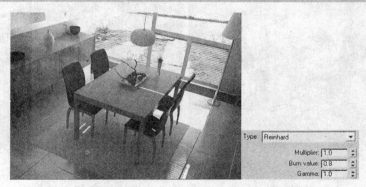

图 3-94　Burn value 为 0.8 时的渲染图像

"Dark multiplier（暗部增强）"参数用于对场景中处于暗部区域的明暗度进行调整，参数值越大则场景中暗部区域越亮。不同参数值下的效果比较如图 3-95 所示。

图 3-95　Dark multiplier 参数调整效果比较

"Bright multiplier（亮部增强）"参数用于对场景中处于亮部区域的明暗度进行调整，参数值越大则场景中亮部区域越亮，不同参数值下的效果比较如图 3-96 所示。

图 3-96　Bright multiplier 参数调整效果比较

 "Gamma（伽马值）"参数用于对图像亮度伽马值进行调整。

 "Sub-pixel mapping（次级像素贴图）"选项在开启状态下可以提高渲染图像的品质，结合"Clamp output（限制输出）"选项共同开启时可以减少图像出现的杂点，如图 3-97 所示。

图 3-97　Sub-pixel mapping 选项对图像的影响

 "Clamp output（限制输出）"选项主要对图像的色彩起到优化作用。

 "Affect background（影响背景）"选项控制曝光模式是否对背景产生影响，当该选项处于关闭状态时，背景将不受到曝光模式的影响，如图 3-98 所示。

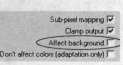

图 3-98　Affect background 对背景的影响

3.9　Camera（摄像机）

　　"V-Ray::Camera（VRay 摄像机）"选项栏主要控制场景中的光影效果如何体现在显示屏幕和渲染图像中，可以分别对相机类型、景深和运动模糊效果进行调整，其参数面板如图 3-99 所示。

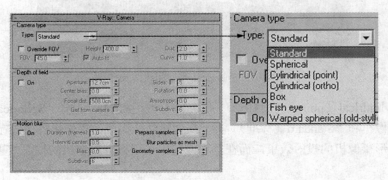

图 3-99　VRay 摄像机参数面板

 ### 3.9.1　摄像机类型选项组

　　"Type（类型）"下拉菜单中提供了 7 种相机类型，分别是"Standard（标准）"、"Spherical（球形）"、"Cylindrical（point）（圆柱形（点状））"、"Cylindrical（ortho）（圆柱形（正交））"、"Box（方体）"、"Fish eye（鱼眼）"和"Warped spherical（Old style）（扭曲球形（旧式））"。

　　"Standard（标准）"类型摄像机和 3ds max 中默认的摄像机效果相同，采用将三维场景的光影效果投射到二维平面图像的方式，如图 3-100 所示。

图 3-100　Standard 类型相机渲染图像

　　"Spherical（球形）"类型摄像机是一种球形摄像机，采用将渲染图像投射到球形物体内壁的方式，如图 3-101 所示。

图 3-101　Spherical 类型相机渲染图像

　"Cylindrical（point）（圆柱形（点状））"类型摄像机是由"Spherical（球形）"类型摄像机和"Standard（标准）"类型摄像机结合而成的摄像机类型，在水平方向上采用球形摄像机的投射效果，而在垂直方向上采用标准摄像机的投射效果，如图 3-102 所示。

图 3-102　Cylindrical（point）类型相机渲染图像

　"Cylindrical（ortho）（圆柱形（正交））"类型摄像机在水平方向上采用球形摄像机的投射效果，而在垂直方向上所有的光影都是平行发射的正交投射角度，如图 3-103 所示。

图 3-103　Cylindrical（ortho）类型相机渲染图像

"Box（方体）"类型摄像机相当于将 6 台标准摄像机放置到场景的 6 个方向上，在该摄像机视角下所生成的图像可以用于全局光照的环境贴图来使用，如图 3-104 所示。

图 3-104　Box 类型相机渲染图像

"Fish eye（鱼眼）"类型摄像机采用的是环境球拍摄方式，相当于使用标准摄像机来拍摄一个完全反射的球体，这样可以将场景完全反射在摄像机的镜头当中，如图 3-105 所示。

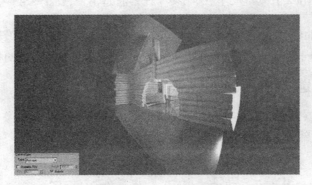

图 3-105　Fish eye 类型相机渲染图像

"Warped Spherical（Old style）（扭曲球形（旧式））"类型摄像机是一种非完全球形的摄像机类型，如图 3-106 所示。

图 3-106　Warped Spherical（Old style）类型相机渲染图像

> 注意："V-Ray::Camera（VRay 摄像机）"选项栏针对 3ds max 的标准相机类型，"Camera type（摄像机类型）"、"Depth of field（景深）"和"Motion blur（运动模糊）"等选项组对于 VRay 物理相机类型不起作用。

- "Override FOV（代替视野）"选项在开启后，可以替代 3ds max 默认的相机视角，通过"FOV（视野）"参数的调整可以将视野范围扩大到 360 度。
- "FOV（视野）"参数在"Override FOV（代替视野）"选项被开启后才会激活，用来调整摄像机的视野范围。
- "Height（高度）"参数在选择"Cylindrical（ortho）（圆柱形（正交））"类型摄像机后被激活，用来调整摄像机的高度。
- "Auto-fit（自动适配）"选项用于控制"Fish eye（鱼眼）"和"Warped Spherical（Old style）（扭曲球形（旧式））"类型摄像机。在该选项处于开启状态下，系统会自动计算"Dist（距离）"参数值，并将渲染图像的扭曲直径匹配到图像的宽度上。
- "Dist（距离）"参数用于使用"Fish eye（鱼眼）"类型摄像机来模拟将标准摄像机对准完全反射球体的效果，参数值越大，则镜头距离反射球越远。

> 注意：当"Auto-fit（自动适配）"选项处于开启状态下，"Dist（距离）"参数将不起作用。

- "Curve（曲线）"参数仅用于对"Fish eye（鱼眼）"类型摄像机的调整，当参数值为 1 时相当于标准鱼眼摄像机的效果，而参数值越小则图像的扭曲程度越大。

3.9.2 景深选项组

"Depth of field（景深）"选项组主要模拟摄像机视角下的渲染图像呈现出真实摄像机镜头中的景深效果，该部分参数面板如图 3-107 所示。

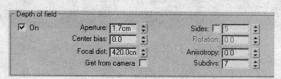

图 3-107　Depth of field 参数面板

真实摄像机镜头下的景深效果如图 3-108 所示。

图 3-108　真实镜头下的景深效果

在"Depth of field（景深）"参数面板中，开启"On（开关）"选项后，景深效果才能够产生，开启景深前的渲染图像效果如图 3-109 所示。

图 3-109　开启景深之前的渲染图像

"Aperture（光圈）"参数主要用来控制摄像机光圈的大小。当"Aperture（光圈）"参数值为 2 时图像效果如图 3-110 所示。

图 3-110　Aperture 参数为 2 时的图像效果

提示："Aperture（光圈）"参数值越大则景深效果越明显，模糊程度越剧烈。反之，参数值减小则景深效果减弱。当"Aperture（光圈）"参数值为 1 时图像效果如图 3-111 所示。

图 3-111　Aperture 参数为 1 时的图像效果

"Center bias（中心偏移）"参数用来控制模糊中心所在的位置，当参数值为 0 时，物体边界可以均匀向两侧产生模糊，当"Center bias（中心偏移）"参数值为正值时，模糊中心的位置偏向于物体内部。如图 3-112 所示。

图 3-112　Center bias 为 3 时的图像效果

提示：当"Center bias（中心偏移）"参数值为负值时，则模糊中心的位置偏向于物体外部，如图 3-113 所示。

图 3-113　Center bias 为-3 时的图像效果

"Focal dist（焦距）"参数用来控制摄像机焦点所在的位置，以焦点所在位置为中心随距离增加则景深效果越加明显，将焦点定位在视角近端的图像效果如图 3-114 所示。

图 3-114　Focal dist 为 130 时的图像效果

提示： 通过对 "Focal dist（焦距）" 参数值的调整，可以任意决定模糊所发生的位置，将焦点定位在视角远端的图像效果如图 3-115 所示。

图 3-115　Focal dist 为 500 时的图像效果

注意： 对于 "Focal dist（焦距）" 参数值的调整根据场景的尺寸而有所不同，在制作过程中可以降低图像渲染精度，并通过反复进行测试来得到理想的效果。

- "Get from camera（从摄像机获取）" 选项在开启状态下，焦点的定位将根据摄像机目标点的位置来确定。

- "Side（边数）" 参数通过设置多边形的边数来模拟真实环境中物理摄像机光圈的多边形形状，该选项在关闭状态下将以圆形光圈进行模糊。

- "Rotation（旋转）" 选项在 "Side（边数）" 选项开启状态下被激活，可以用来模拟光圈多边形形状的旋转效果和角度。

- "Anisotropy（各向异性）" 参数可以控制图像在水平方向和垂直方向的模糊程度，当参数值为正值时则在水平方向产生模糊，当参数值为负值时则在垂直方向产生模糊，如图 3-116 所示。

图 3-116　Anisotropy 参数影响效果

- "Subdivs（细分）" 参数用来控制产生景深效果的采样点的数量，参数值越大则景深效果的品质越高，而减小参数值会导致图像中出现颗粒。不同参数值下的图像效果和渲染所消耗的时间对比如图 3-117 所示。

图 3-117　细分参数影响效果比较

 ### 3.9.3　运动模糊选项组

"Motion blur（运动模糊）"选项组主要针对场景中运动物体的渲染图像效果，通过参数调节可以模拟根据运动方向和速度所产生的不同程度的运动模糊效果。该参数面板在开启"ON（开关）"选项后将被激活，其参数面板如图 3-118 所示。

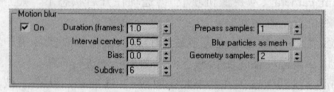

图 3-118　Motion blur 参数面板

"Duration（frames）（持续时间（帧））"参数控制物体运动模糊图像每一帧的持续时间，参数值越大则模糊效果越明显，如图 3-119 所示。

图 3-119　Duration（frames）参数影响效果比较

"Interval center（间隔中心）"参数用来控制运动模糊的时间间隔中心。

"Bias（偏移）"参数用于控制运动模糊的偏移，参数值为 0 时则不产生偏移，参数值为正值时则沿运动方向的反方向偏移，参数值为负值时则沿运动方向的正方向偏移。

 "Subdivs（细分）"参数用于控制运动模糊图像的品质。

 "Prepass samples（预处理采样数）"参数控制运动模糊在不同时间段上的采样数。

 "Blur particles as mesh（将粒子作为网格物体进行模糊）"选项在开启状态下，粒子运动对象在进行运动模糊计算时将按照网格物体的方式进行计算。

 "Geometry samples（几何体采样）"参数用于在旋转物体的运动模糊计算时，调整模糊边缘的形状。

3.10　默认置换

"V-Ray: Default displacement（VRay 默认置换）"展卷栏用于控制 3ds max 中的"displace（置换）"修改器效果和 VRay 材质的置换贴图效果，其参数面板如图 3-120 所示。

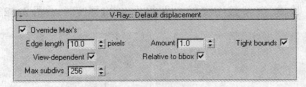

图 3-120　Default displacement 参数面板

 "Override Max's（覆盖 3ds max）"选项在开启状态下，3ds max 系统下"displace（置换）"修改器和 VRay 材质面板中"displace（置换）"贴图通道的修改参数将由本参数面板进行控制。

 "Edge length（边长度）"参数通过定义三维置换所产生的三角面的边长度来控制置换效果的品质，参数值越小则置换效果越细腻，如图 3-121 所示。

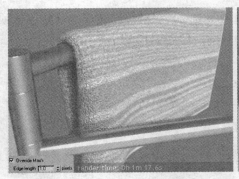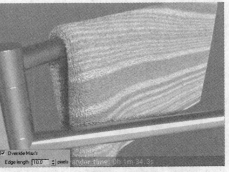

图 3-121　Edge length 参数影响效果比较

 "View-dependent（依靠视图）"选项在开启状态下，定义三维置换所产生的三角面的边长将以像素为单位，该选项在不开启的状态下，三角面的边长将以世界单位进行衡量。

"Max subdivs（最大细分）"参数主要控制从原始网格物体的三角形中细分出来的细小三角形的最大数量，增大参数值可以得到更加细腻的置换效果，如图 3-122 所示。

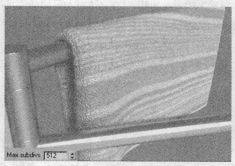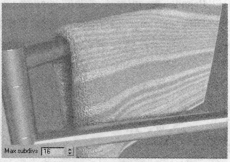

图 3-122　Max subdivs 参数影响效果比较

"Amount（数量）"参数主要控制置换发生的强度，如图 3-123 所示。

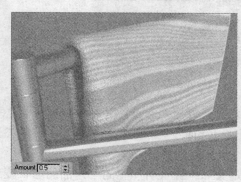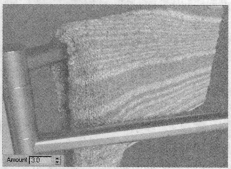

图 3-123　Amount 参数影响效果比较

"Relative to bbox（关联边界盒）"选项主要对置换强度产生影响，在该选项处于关闭状态下将以实际数量去计算置换的强度，如图 3-124 所示。

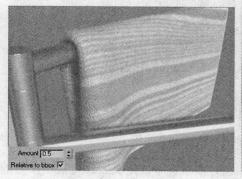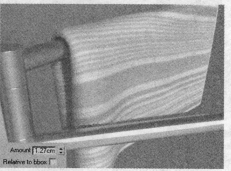

图 3-124　Relative to bbox 选项影响效果比较

"Tight bounds（紧缩边界）"选项在开启状态下，VRay 会对置换贴图进行预先分析，这样对于颜色差别较小的置换贴图而言可以起到加速渲染的效果，但是对于颜色差别较大的置换贴图而言会减慢渲染速度，如图 3-125 所示。

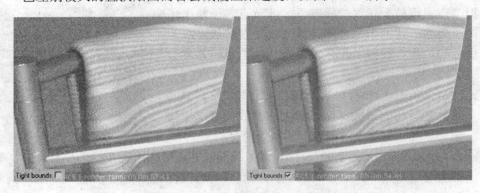

图 3-125　Tight bounds 选项影响效果比较

3.11　系统

"V-Ray:System（VRay 系统）"卷展栏主要用于对 VRay 进行系统选项的设置，包括光线追踪设置、渲染区块划分、水印以及分布式渲染等，其参数面板如图 3-126 所示。

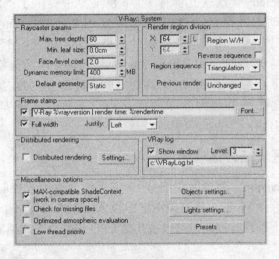

图 3-126　System 参数面板

3.11.1　光线追踪选项组

"Raycaster params（光线追踪）"选项组主要用于控制 VRay 渲染器的二元空间划分树数据结构使用。在 VRay 渲染器的作用过程中，对三维场景中的光线进行光线追踪计算是渲染器的基本功能，当光线从光源体发射出来并与场景中的几何体进行碰撞后，渲染器对物体进行测试。利用逆向运算来计算每一个原始的三角面，这会消耗很多时间。为了加速计算过程，VRay 将场景中的几何体信息组成一个特别的数据结构，也就是二元空间划分树，简称

BSP 树。二元空间划分树是一种分级数据结构，是通过将场景细分成两个部分来建立的，然后在两部分之间进行细分，这两部分分别称为根节点和叶节点。根节点表现整个场景的限制框，叶节点表现整个场景的真实三角面。这两个部分的计算方式是以层级查找的方式来进行的，先查找根节点，最后查找叶节点，其参数面板如图 3-127 所示。

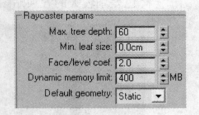

图 3-127　Raycaster params 参数面板

 "Max.tree depth（最大树深度）"参数控制二元空间划分树的最大深度，较大的参数值可以加快渲染速度，但是会占用较多的系统内存。

 "Min.leaf size（最小叶尺寸）"参数控制叶节点的最小尺寸，当参数值为 0 时表示不考虑场景尺寸来细分场景中的几何体，会计算所有的叶节点。当计算达到叶节点尺寸后，将停止对场景进行计算，该参数值对于渲染速度影响不大。

 "Face/level coef.（面/级别系数）"参数控制一个叶节点中最大三角面数量，当未达到临界参数值时，计算速度较快，当超过临界参数值时，则会导致计算速度减缓。

 "Dynamic memory limit（动态内存限制）"参数控制动态内存的总量，动态内存被分配给每个线程，如果是双线程，则每个线程占一半的动态内存。如果设置的内存限制较小，则系统需要经常在内存中加载，这样会导致计算速度减缓。

 "Default geometry（默认几何体）"下拉菜单中提供了 "Static（静态内存）"和 "Dynamic（动态内存）"两种方式，主要用来控制内存的使用方式。在 "Static（静态内存）"方式下可以取得较快的渲染速度，但是由于需要的内存资源较多，所以在计算复杂场景时可能会出现 3ds max 自动关闭的现象。在 "Dynamic（动态内存）"方式下，系统计算完一个区块后就会释放一定的内存，同时进行下一个区块的计算，这样可以最大效率地优化内存的使用，但是在渲染速度方面相比 "Static（静态内存）"方式较慢。

3.11.2　渲染区块细分选项组

"Render region division（渲染区块细分）"选项组允许用户控制渲染区块的各种参数。"Render region（渲染区块）"指当前渲染图像中被依次渲染的每一个矩形部分，它可以被传送到局域网的其他机器上进行处理，也可以被几个 CPU 进行分布式渲染，如图 3-128 所示。

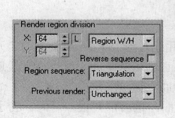
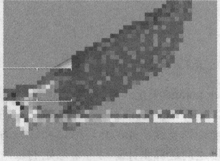

图 3-128　Render region division 参数面板和渲染区块

📝 "X"参数在"Region W/H（宽/高区块）"方式下控制以像素为单位的渲染区块的宽度，在"Region Count（区块数量）"方式下控制以像素为单位的渲染区块的水平尺寸。

📝 "Y"参数在"Region W/H（宽/高区块）"方式下控制以像素为单位的渲染区块的高度，在"Region Count（区块数量）"方式下控制以像素为单位的渲染区块的垂直尺寸。

> 提示：在按下 L 按钮后，将使 X 和 Y 参数值保持一致。

📝 "Region W/H（宽/高区块）"方式下，X 和 Y 的长度将以像素为单位。

📝 "Region Count（区块数量）"方式下，X 和 Y 的长度会以整幅图像的长宽进行均匀划分来作为单位，例如，X 为 3，Y 为 4 时则表示横向渲染区块的长度是整幅图像的 1/3，纵向渲染区块的长度是整幅图像的 1/4。

📝 "Reverse sequence（反转渲染次序）"选项在开启状态下会使图像区块的渲染次序与设定的顺序相反，如图 3-129 所示。

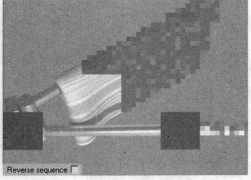

图 3-129　反转渲染次序

📝 "Region sequence（区块顺序）"选项用来控制渲染过程中区块渲染的顺序，在下拉菜单中提供了"Top->Bottom（由顶到底）"、"Left->Right（从左到右）"、"Checker（棋盘格）"、"Spiral（螺旋）"、"Triangulation（三角）"和"Hilbert curve（希尔伯特曲线）"方式。

> 提示：在对图像进行渲染的过程中，根据要着重观察的图像区域可以设置为不同的渲染区块顺序，往往可以省却很多等待的时间，用户也可以设置"Crop（剪切）"渲染方式仅对图像的某一部分进行渲染。
> "Top->Bottom（由顶到底）"方式将采用从上到下、从左到右的区块顺序逐行进行渲染；"Left->Right（从左到右）"方式将采用从左到右、从上到下的区块顺序逐行进行渲染，如图 3-130 所示。

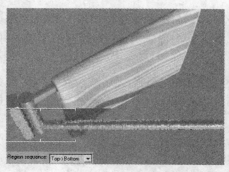

图3-130　Top->Bottom 和 Left->Right 区块顺序

提示："Checker（棋盘格）"方式将采用跳跃式的渲染方式，渲染完第一区块后接着渲染第三区块，最后从第二区块到第四区块的顺序进行渲染。"Spiral（螺旋）"方式将采用从中心向外的顺序进行渲染，如图3-131所示。

图3-131　Checker 和 Spiral 区块顺序

提示："Triangulation（三角）"方式是默认的区块顺序，将图像分为两个三角形依次进行渲染。"Hilbert curve（希尔伯特曲线）"方式将按照希尔伯特曲线形状进行渲染，渲染顺序类似于"Triangulation（三角）"方式，如图3-132所示。

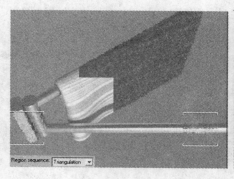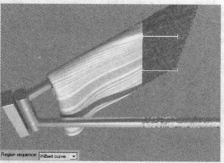

图3-132　Triangulation 和 Hilbert curve 区块顺序

"Previous render（先前渲染）"选项控制渲染开始之前，在 3ds max 默认帧缓存框中以何种方式处理之前渲染的图像，在下拉菜单中提供了"Unchanged（不改变）"、"Cross（交叉）"、"Fields（区域）"、"Darken（暗色）"和"Blue（蓝色）"等 5 种方式，如图 3-133 所示。

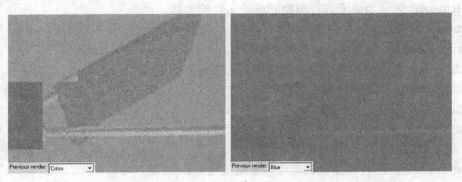

图 3-133　Cross 和 Blue 先前渲染方式

提示：在"Previous render（先前渲染）"下拉菜单中不论选择任何一种方式，都不会对最终的渲染图像产生影响。

3.11.3　帧水印选项组

"Frame stamp（帧水印）"选项组用来设置在渲染图像上显示的相关信息，其参数面板如图 3-134 所示。

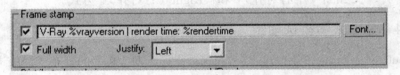

图 3-134　Frame stamp 参数面板

☑ V-Ray %vrayversion 选项栏在开启状态下，可以在渲染图像底部显示出包括 VRay 渲染器版本、场景文件名称以及渲染所用时间等信息，如图 3-135 所示。

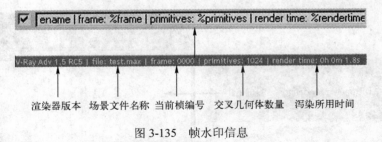

图 3-135　帧水印信息

提示：在对 VRay 渲染器的各部分渲染属性进行测试等操作时，显示出%rendertime 信息，这样可以精确观察到当前所渲染的图像消耗的渲染时间。

用户在渲染图像之前，可以根据需要在水印选项栏中添加或删除相关信息，不同的水印信息则需要有不同的代码来表示，VRay 渲染图像中可以显示的水印所对应的代码如下：

%vrayversion:显示当前所使用的 VRay 渲染器的版本。

%filename：显示当前要进行渲染的场景文件的名称。

%frame：显示当前帧图像的序号。

%primitives:显示交叉的原始几何体的数量。

%rendertime:显示当前所渲染的图像消耗的渲染时间。

%computertime：显示计算机名称。

%date：显示当前系统日期。

%w:显示以像素为单位的图像宽度。

%h:显示以像素为单位的图像高度。

%camera：显示当前图像窗口对应摄像机的名称。

%maxscript parameter name：显示 3ds max 脚本参数的名称。

%ram：显示计算机物理内存的数量。

%vmen:显示操作系统下可用的虚拟内存的容量。

%mhz:显示系统 CPU 的时钟频率。

%os：显示当前使用的操作系统。

> Font... 按钮单击后将弹出"字体"对话框，可以在其中设置水印信息所使用的字体。

> "Full width（全部宽度）"选项在开启后，水印的宽度和渲染图像的宽度保持一致。

> "Justify（对齐）"下拉菜单用于设置文字在图像中的排列位置，提供了"Left（左对齐）"、"Center（中心对齐）"和"Right（右对齐）"方式。

3.11.4　分布式渲染选项组

"Distributed rendering（分布式渲染）"选项组用于对 VRay 的分布式渲染进行设置。

> "Distributed rendering（分布式渲染）"选项在默认情况下处于关闭状态，开启该选项才能够使用分布式渲染功能。

> Settings... 按钮在单击后可以打开"V-Ray distributed rendering settings（VRay 分布式渲染设置）"窗口，在其中可以控制局域网络中计算机的添加和删除等，如图 3-136 所示。

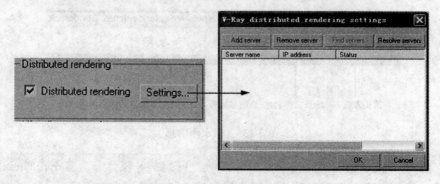

图 3-136　V-Ray Distributed rendering settings 窗口

3.11.5　VRay 日志选项组

"VRay log（VRay 日志）"选项组用于控制 VRay 的信息窗口。图像渲染过程中的相关信息会被记录下来，信息窗口中所显示的信息以 4 种不同颜色加以区分，红色代表错误信息，绿色代表警告信息，白色代表情报信息，黑色代表调试信息，如图 3-137 所示。

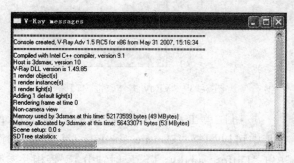

图 3-137　VRay 日志信息窗口

"Show window（显示窗口）"选项在默认情况下处于开启状态，在渲染过程中会自动弹出 VRay 日志信息窗口。

"Level（级别）"参数控制在信息窗口中显示哪种信息。

`c:\VRayLog.txt` 文本框用于确认 VRay 日志信息存储的位置。

 3.11.6　其他选项组

"Miscellaneous options（其他选项）"用于设置关于场景中物体、灯光等相关属性，其参数面板如图 3-138 所示。

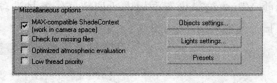

图 3-138　Miscellaneous options 参数面板

"MAX-compatible ShadeContext（work in camera space）（兼容性）"选项在开启状态下可以将某些 3ds max 插件所产生图像的点或向量的数据，在摄像机空间中进行计算。

"Check for missing files（检查丢失文件）"选项在开启状态下，系统会自动检查场景中丢失的文件，并将返回信息存储在 C:\VRayLog.txt 文件中。

"Optimized atmospheric evaluation（优化大气效果）"选项在开启状态下可以使场景中的大气特效比较稀薄时，得到质量较好的大气效果。

"Low thread priority（低线程渲染）"选项在开启状态下使 VRay 以低线程进行渲染。

`Objects settings...` 按钮在单击后可以弹出"VRay object properties（VRay 物体属性）"窗口，在其中可以调整"Generate GI（产生全局光照）"、"Receive GI（接受

GI)"和"Reflection amount（反射量）"等相关参数，如图 3-139 所示。

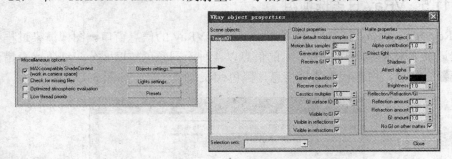

图 3-139　VRay 物体属性窗口

Lights settings...　按钮在单击后可以弹出"VRay light properties（VRay 灯光属性）"窗口，在其中可以调整"Caustic subdivs（焦散细分）"、"Caustics multiplier（焦散倍增）"和"Diffuse subdivs（漫反射细分）"等相关参数，如图 3-140 所示。

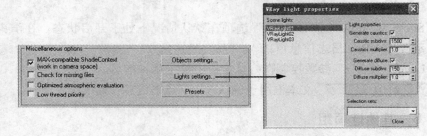

图 3-140　VRay 灯光属性窗口

Presets　按钮在单击后可以弹出"V-Ray presets（VRay 模版）"窗口，在其中可以将当前 VRay 渲染设置面板中所调整好的各种选项和参数以模版的方式进行存储，并在日后进行调用，如图 3-141 所示。

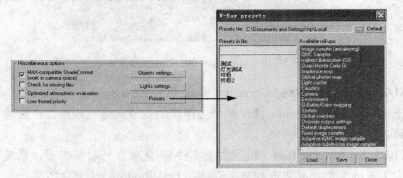

图 3-141　VRay 模版窗口

提示： 在对场景进行渲染的过程中，制作者可以根据自身操作习惯、制作经验以及硬件情况等有针对性地制定多套渲染方案，例如用于测试场景模型合理性的渲染方案、测试场景光照的渲染方案、最终图像输出的渲染方案等，将各种渲染设置方案以模版的方式保存起来，在制作过程中可以反复调用，这样可以大大提高图像测试和渲染的工作效率。

3.12　本章小结

本章通过大量概念和理论方面的知识，对 VRay 渲染器的重要参数进行了比较详细的讲解。使读者能够结合现实生活中的经验多做测试，通过理论联系实际，最终熟练掌握各参数的真正含义。

第4章 VRay 1.5 灯光解决方案

VRay 渲染器是一个模拟真实光照的全局渲染器，Vraylight 提供了三种灯光照明方式，分别为"Plane（片光）"、"Dome（半球光）"和"Sphere"（球光）；还提供了两种能模拟太阳光和天光效果的照明系统，分别是 VRaySun 和 VRaySk，而"VRaySun"和"VRaySky"能模拟物理世界的真实阳光和天光的效果。

4.1 VRaylight 类型与应用

VRay 渲染器对 3ds max 软件提供的各种默认灯光类型有较好的兼容性，同时也提供了自带的灯光类型。VRayLight 位于 3ds max 的灯光创建面板中，如图 4-1 所示。

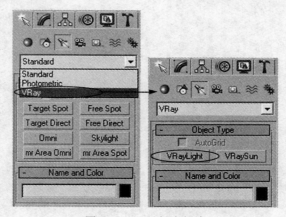

图 4-1 VRay 灯光创建

VRayLight 灯光选项主要通过对类型、颜色、亮度等参数的控制，来模拟真实环境中的光照效果。

4.1.1 总体控制

"General（总体）"选项栏中的选项用于对灯光的开闭、照射对象和类型进行设置。

 "On（开关）"选项用于控制 VRayLight 的开闭，默认情况下处于开启状态。

 "Exclude（排除）"选项按钮在单击后将弹出"Exclude/Include（排除/包含）"窗口，在其中可以指定 VRayLight 对场景中的哪些物体进行照射，并可以排除对某些物体的照射，通常用于对场景进行补光。

"Type（类型）"下拉菜单中提供了"Plane（平面）"、"Dome（半球）"和"Sphere（球形）"三种灯光照明方式，如图 4-2 所示。

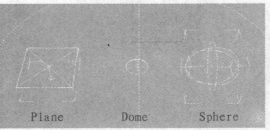

图 4-2　VRay 灯光类型

"Plane（平面）"类型下灯光的照射形状为方形的平面形状，具有较真实的衰减属性，使用率非常高，通常可以用来模拟面光源、室外天光和场景中的局部补光，如图 4-3 所示。

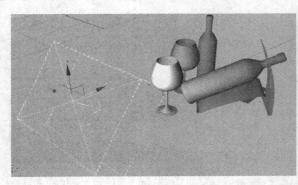

图 4-3　Plane 类型下灯光照明效果

"Dome（半球）"类型下灯光的照射形状模拟了穹形的灯光阵列照射效果，可以对场景中的物体产生均匀的照明，通常用来模拟天光照明和场景整体补光，如图 4-4 所示。

图 4-4　Dome 类型下灯光照明效果

注意："Dome（半球）"类型下灯光的照明效果只有当"Irradiance map（发光贴图）"渲染引擎作为初次全局光照计算引擎来使用时，才能够计算出正确的照明效果。

"Sphere（球形）"类型下灯光的照射形状模拟点光源的照射效果，其光线的发布形式类似于 3ds max 的"Point（点光源）"类型，具有较强的衰减属性，如图 4-5 所示。

图 4-5　Sphere 类型下灯光照明效果

4.1.2　照明强度控制

"Intensity（强度）"选项组用于对光源的亮度测量单位、颜色和倍增值进行调整。

"Units（单位）"下拉菜单中提供了 5 种光源亮度的
单位制式，如图 4-6 所示。

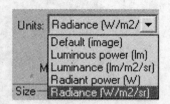

　"Default（image）（默认图像）"方式是 VRay 默
认指定的单位制式，光源的照明强度由颜色的亮
度和倍增参数来控制。

　"Luminous power（lm）（光通量）"方式下，光
源所发射能量的单位是 lm（流明），灯光的亮度
不会随光源面积的大小而产生改变。

图 4-6　5 种光源亮度的单位制式

> 提示：lm（流明）和 w（瓦特）之间的换算关系是光通量（lm）=683 × 发光强度 × 辐射通量（w）。

　"Luminance（lm/m²/sr）（光通量/每平方米/每球面度）"方式下，灯光照明强度同
光源面积的大小有直接关系，光源面积增大则照明强度增加，反之亦然。

　"Radiant power（w）（辐射通量）"方式下，光源所发射能量的单位是 w（瓦特），
灯光的亮度不会随光源面积的大小而产生改变。

> 提示：用于计算光源发射能量的"Radiant power（w）（辐射通量）"方式，是指光源每
秒所发出的辐射能量，就同一光源而言，辐射通量越大则人眼会觉得越亮。

　"Radiance（w/m²/sr）（辐射通量/每平方米/每球面度）"方式下，灯光照明强度同
光源面积的大小有直接关系，光源面积增大则照明强度增加，反之亦然。

> 提示：在一般情况下，VRayLight 的单位类型维持默认的"Default（image）（默认图
像）"方式即可。

"Color（颜色）"选项下，可以通过"Color Selector（颜色选取）"窗口进行光源颜色的

指定。值得注意的是，光源颜色的亮度会对照明强度产生直接影响。

"Multiplier（倍增）"参数控制光源的照明强度。

4.1.3　光源范围控制

"Size（尺寸）"选项组用于对光源范围进行控制。需要注意的是，当 VRayLight 为"Dome（半球）"类型时会对场景产生穹形的均匀照明效果，该选项组将处于未激活状态。

 "Half-length（长度一半）"参数用于调整"Plane（平面）"类型光源长度。

 "Half-width（宽度一半）" 参数用于调整"Plane（平面）"类型光源宽度。

 "W size（W 尺寸）"参数在当前 VRay 版本中处于不可使用状态,属于软件预制参数，在下一代版本中开发的"Box（立方体）"灯光类型中将被使用。

 "Radius（半径）"参数用于调整"Sphere（球形）"类型光源体积。

4.1.4　灯光选项控制

（1）"Double-sided（双面）"选项在开启状态下，可以使"Plane（平面）"类型的光源在正反两个方向都产生照明效果，如图 4-7 所示。

图 4-7　Double-sided 选项调整效果比较

> **提示：** 在制作面光源或灯槽效果时，用户可以根据需要决定是否开启"Double-sided（双面）"选项并在正反两侧都产生照明效果。

（2）"Invisible（不可见）"选项控制是否在渲染图像中显示出光源形状，默认情况下该选项处于开启状态，如图 4-8 所示。

图 4-8　Invisible 选项调整效果比较

（3）"Ignore light normals（忽略灯光法线）"选项在开启状态下，光源在任何方向上放射的光线都是均匀的，而在关闭状态下，将依照光源的法线向外发射，通常在不开启的状态下可以得到较为柔和的照明效果，如图4-9所示。

图4-9　Ignore light normals 选项调整效果比较

（4）"No decay（不衰减）"选项在开启状态下，将不会产生衰减效果，该选项在打开和关闭状态下的照明效果比较如图4-10所示。

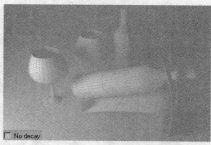

图4-10　No decay 开闭状态下的照明效果比较

注意：在真实环境中，光源的照射亮度会随距离的变远而逐渐减弱，也就是说开启"No decay（不衰减）"选项得到的将是不真实的照明效果。

（5）"Skylight portal（天空光入口）"选项在开启状态下，可以将 VRay 灯光的照明效果转化为天空光照明，这样前面的选项设置所起到的作用将消失。

注意：在开启"Skylight portal（天空光入口）"选项时，必须配合间接照明和环境光照明共同使用。

（6）"Store with irradiance map（存储发光贴图）"选项在开启状态下，同时配合"Irradiance map（发光贴图）"方式作为初次渲染引擎使用，可以将灯光的照明效果存储在发光贴图中，这样渲染光子所消耗的时间会增加，但最终渲染出图的时间会减少，并且在渲染场景时不会因为关闭或删除灯光而影响灯光的照明效果，开启该选项并对场景进行照明的效果如图4-11所示。

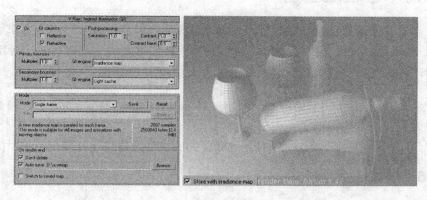

图 4-11　Store with irradiance map 开启状态下渲染效果

在初次渲染后，删除场景中的 VRay 灯光，并将"Irradiance map（发光贴图）"渲染引擎的计算方式调整为"From file（从文件）"方式进行渲染，如图 4-12 所示。

图 4-12　在 From file 方式下进行渲染

（7）"Affect diffuse（影响漫反射）"选项控制光源是否对物体漫反射区域进行照明。

（8）"Affect specular（影响高光）"选项控制光源是否对物体高光区域进行照明。

（9）"Affect reflections（影响反射）"选项控制光源是否对物体反射区域进行照明。

 ### 4.1.5　采样控制

（1）"Subdivs（细分）"参数控制 VRay 灯光的采样精度，参数值越大则灯光照明区域的图像质量越高，渲染时间越长，反之亦然，如图 4-13 所示。

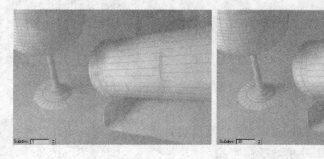

图 4-13　Subdivs 参数调整效果比较

> **提示：** 在对场景进行渲染的过程中，用户应该根据光线变化和细节的多少来机动地调整 "Subdivs（细分）" 参数，当 "Subdivs（细分）" 参数值增大到一定程度后，对图像渲染质量所带来的改善已经很难观察到，这样就浪费了无谓的渲染时间。

（2）"Shadow bias（阴影偏移）" 参数可以控制物体与阴影之间的距离，较高的参数值将使阴影向灯光方向产生偏移。

（3）"Cutoff（剪切）" 参数可以对光线微弱的的场景进行优化并减少渲染时间。

4.1.6 半球灯光控制

当 VRay 灯光类型为 "Dome（半球）" 类型时，"Dome light options（半球灯光选项）" 面板将被激活，如图 4-14 所示。

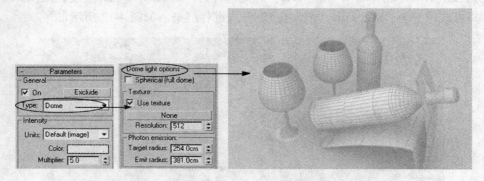

图 4-14　激活 Dome light options 面板

（1）"Spherical（full dome）（球形）" 选项在开启状态下可以使 "Dome（半球）" 类型的 VRayLight 产生 360 度的照明效果，如图 4-15 所示。

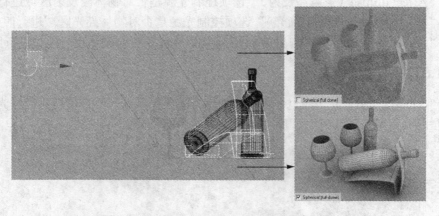

图 4-15　Spherical（full dome）调整效果比较

> **提示：** 在默认情况下，"Dome（半球）" 类型下灯光的照射形状模拟了穹形的灯光阵列照射效果，也就是说只产生 180 度的照明角度。

（2）"Use texture（使用纹理）"选项在开启状态下允许用户使用贴图作为半球光的光照。

（3）"Texture（纹理）"选项栏可以用来指定半球光的光照贴图，如图 4-16 所示。

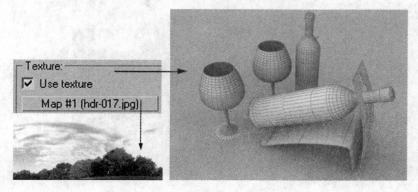

图 4-16　使用纹理照明效果

> **提示：** 在使用纹理产生半球光照明效果时，光源照明颜色和强度将由所选择贴图的平均颜色和亮度来控制，用户可以在贴图控制面板中调整"Output Amount（输出量）"参数来影响光源照明强度，如图 4-17 所示。

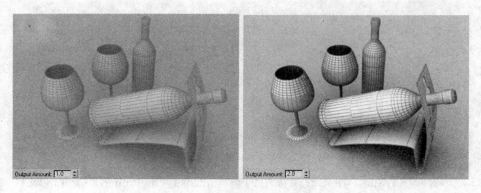

图 4-17　调整光源贴图亮度

（4）"Resolution（解析度）"参数控制光照贴图的计算精度。

（5）"Target radius（目标半径）"参数可以在使用"Photon map（光子贴图）"方式为渲染计算引擎时，控制光子发射的位置。

（6）"Emit radius（发射半径）"参数定义光子发射结束的位置。

4.2　VRaySun 和 VRaySky 照明系统

　　VRaySun 和 VRaySky 照明系统是在 VRay1.48 版本中开始加入的模拟太阳光和天光照明的功能，这使得室外效果图制作过程中对于室外光线的模拟更加容易并且真实。

4.2.1　VRay 室外光照系统测试

（1）打开随书光盘"第 4 章 VRay 1.5 灯光解决方案"→"scenes"→"Test.max"文件，如图 4-18 所示。

图 4-18　测试场景效果

（2）在灯光创建面板中选择 VRay 灯光类型，单击 VRaySun 按钮，并在 Top 视图中拖动创建 VRaySun，在弹出的"V-Ray Sun（VRay 太阳光）"窗口中单击 是(Y) 按钮，在创建 VRaySun 的同时自动加入 VRaySky 环境贴图，在 Front 视图中调整太阳光照射高度，如图 4-19 所示。

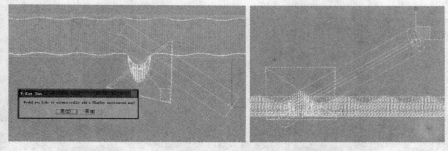

图 4-19　创建 VRaySun 和 VRaySky 照明系统

（3）选择 VRaySun，在修改面板中调整"intensity multiplier（强度倍增）"参数为 0.006，单击键盘上的<F9>键对场景进行测试渲染，如图 4-20 所示。

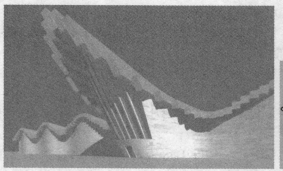

图 4-20　VRaySun 照明效果测试

（4）单击键盘上的数字键<8>，打开"Environment and Effects（环境和特效）"面板，可以观察到在"Background（背景）"选项栏的贴图控制选项中加入了 VRaySky 环境贴图。

> **提示**：在场景中创建 VRaySun 时，系统会自动弹出"V-Ray Sun（VRay 太阳光）"窗口，提示用户是否加入 VRaySky 环境贴图做为渲染背景。

（5）打开材质编辑器窗口，将"Background（背景）"选项栏中的 VRaySky 环境贴图拖动到空置的材质样本上，并选择"Instance（关联）"方式，这样可以在材质编辑器窗口中对 VRaySky 的相关选项进行控制，如图 4-21 所示。

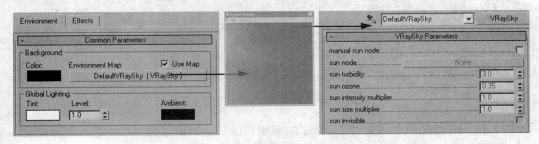

图 4-21　关联 VRaySky 控制

（6）在键盘上单击<F10>键，打开渲染设置面板，将材质编辑器窗口中的 VRaySky 材质样本拖动到"Environment（环境）"选项栏中的"GI Environment（skylight）override（全局光照环境）"贴图按钮上，并选择"Instance（关联）"方式，这样就完成了对场景中天光照明系统的指定。

（7）在材质编辑器的 VRaySky 贴图控制窗口中开启"manual sun node（手动太阳光节点）"选项，并调整"sun intensity multiplier（阳光强度）"参数为 0.01，关闭 VRaySun 的"enabled（开启）"选项，对场景中的天光照明效果进行测试渲染，如图 4-22 所示。

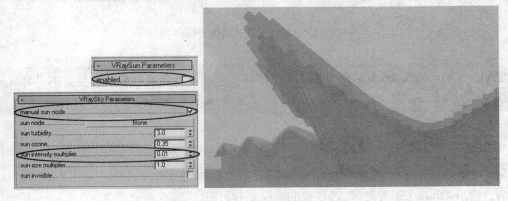

图 4-22　VRaySky 照明效果测试

> **提示**：VRaySky 贴图控制窗口中的"manual sun node（手动太阳光节点）"选项在关闭状态下，将自动同场景中 VRaySun 的参数进行匹配。

（8）在 VRaySky 贴图控制窗口中单击"sun node（太阳光节点）"按钮，并在视图中单击 VRaySun 对象，使 VRaySky 同 VRaySun 之间建立起关联，并开启 VRaySun 的"enabled（开启）"选项，对场景中的太阳光和天光照明效果进行测试渲染，如图 4-23 所示。

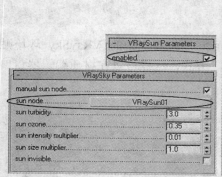
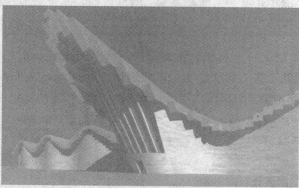

图 4-23　VRaySun 和 VRaySky 照明效果测试

（9）在 Front 视图中调整 VRaySun 的照明角度，并对场景照明效果进行测试渲染，如图 4-24 所示。

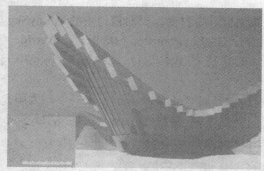

图 4-24　不同角度照明效果比较

说明：VRay 的 VRaySun 照明系统可以根据不同的入射角度，来精确模拟不同时段的室外光线照明效果，而 VRaySky 在同 VRaySun 产生关联后也将进行连动变化。

4.2.2　VRaySun 参数控制

　　"enable（开启）"选项控制 VRaySun 的照明作用是否开启。

　　"invisible（不可见）"选项控制光源是否可见。

　　"turbidity（浑浊度）"参数控制空气的浑浊度，可以被理解为空气质量等级，减小参数值可以产生晴朗的天空效果，而增大参数值则使天空呈现黄色的沙尘效果，如图 4-25 所示。

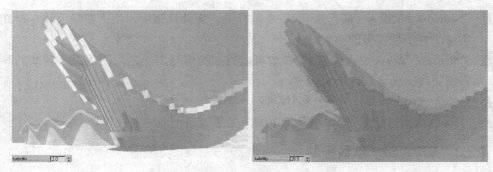

图 4-25　turbidity 参数调整效果比较

"ozone（臭氧）"参数控制空气中氧气的含量，较小的参数值可以使太阳光照明效果偏黄，增大参数值则照明效果偏蓝，如图 4-26 所示。

图 4-26　ozone 参数调整效果比较

提示：当"turbidity（浑浊度）"参数值较低时，"ozone（臭氧）"参数的控制效果比较明显。

"intensity multiplier（强度倍增）"参数控制太阳光的照射强度，需要注意的是当参数值为默认的 1.0 时会使得大多数场景的照明效果出现曝光现象，此时需要将参数值调低。

"size multiplier（尺寸倍增）"参数控制太阳光源的体积，当参数值增大时将会使阴影变得模糊，如图 4-27 所示。

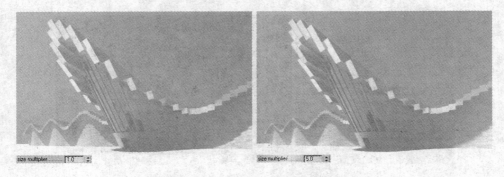

图 4-27　size multiplier 参数调整效果比较

> "shadow subdivs（阴影细分）"参数控制阴影计算精度，增大参数值将会提高阴影质量，并消耗较多的渲染时间。

> "shadow bias（阴影偏移）"参数可以控制物体与阴影之间的距离，较高的参数值将使阴影向光源方向产生偏移。

> "photon emit radius（光子发射半径）"参数控制光子发射半径。

> "Exclude（排除）"选项用来指定太阳光照射或不照射的物体。

4.2.3 VRaySky 参数控制

（1）"manual sun node（手动太阳节点）"选项在关闭状态下，将自动同场景中 VRaySun 的参数进行匹配；开启该选项后则可以在参数面板中对 VRaySky 的照明效果进行调整。

（2）"sun node（太阳节点）"选项允许用户在场景中选择其他种类的光源进行匹配。

（3）"sun turbidity（太阳浑浊度）"参数控制空气的浑浊度，同 VRaySun 的同名参数作用相同，可以被理解为空气质量等级，减小参数值可以产生晴朗的天空效果，而增大参数值则使天空呈现黄色的沙尘效果,当 VRaysun 和 VRaySky 的"ozone（臭氧）"参数都为 8.0 时的渲染效果如图 4-28 所示。

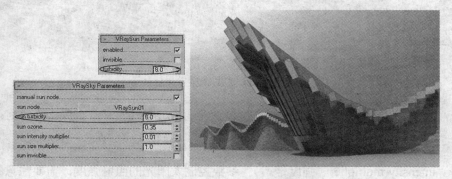

图 4-28　sun turbidity 参数调整效果

（4）"sun ozone（臭氧）"参数同 VRaySun 的同名参数作用相同，用于控制空气中氧气的含量，较小的参数值可以使太阳光照明效果偏黄，增大参数值则照明效果偏蓝,当 VRaysun 和 VRaySky 的"ozone（臭氧）"参数都为 0.1 时，渲染效果如图 4-29 所示。

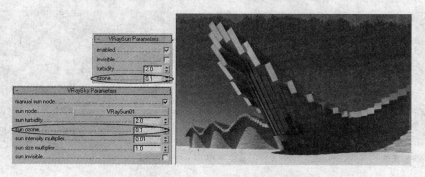

图 4-29　sun ozone 参数调整效果

（5）"sun intensity multiplier（强度倍增）"参数控制天光的照射强度。

（6）"sun size multiplier（太阳尺寸倍增）"参数控制光源的体积，当参数值增大时将会使阴影变得模糊。

（7）"sun invisible（太阳不可见）"选项控制光源是否可见。

> **注意：**虽然在 VRaySky 的参数面板中，所有的参数名称都带有 Sun 的字样，但并不意味着 VRaySky 的参数调整会影响 VRaySun 的照明效果。

 ### 4.2.4　VRay 照明系统的时间和地域控制

VRaySun 和 VRaySky 具有精确模拟真实环境室外照明效果的功能，而且它们可以随着太阳照射角度的变化而产生真实的照明效果，将其与 3ds max 的时区照射系统结合使用就可以精确模拟任何地区任何时间的日光照明系统。

利用 VRaySun 和 VRaySky 模拟真实环境下日光照明效果的步骤如下：

（1）打开随书光盘"第 4 章 VRay 1.5 灯光解决方案"→"scenes"→"Test.max"文件。

（2）在 3ds max 的创建面板中，单击 按钮进入"System（系统）"对象创建面板，单击 Sunlight 按钮，并在视图中场景中心的位置创建"Sunlight（太阳光）"，如图 4-30 所示。

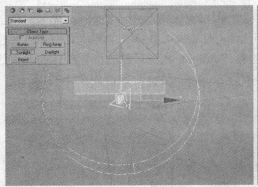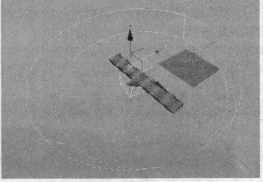

图 4-30　创建 Sunlight 对象

> **说明：**3ds max 的"Sunlight（日光）"照明系统遵循太阳在地球上某一给定位置的符合地理学的角度和运动。用户既可以选择位置、日期、时间和指南针方向，也可以设置日期和时间的动画。该系统适用于计划中的和现有结构的阴影研究。也可对"纬度"、"经度"、"北向"和"轨道缩放"进行动画设置。

（3）在场景中创建 VRaySun 照明系统，并同时加入 VRaySky 天光环境贴图。将"Background（背景）"选项栏中的 VRaySky 环境贴图拖动到空置的材质样本上，并选择"Instance（关联）"方式，开启"manual sun node（手动太阳节点）"选项，单击"sun node（太阳节点）"按钮并在场景中单击 VRaySun 对象，使其产生关联。

（4）在场景中选择 VRaySun 光源对象，在主工具栏中单击 按钮，将其对齐到 Sunlight 光源对象，使用相同的方法将 VRaySun 目标对象对齐到 Sunlight 目标对象，如图 4-31 所示。

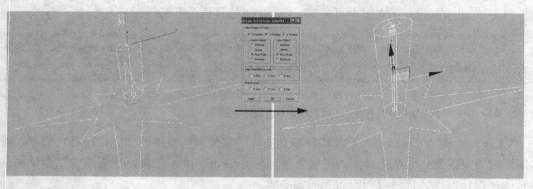

图 4-31　对齐光源体位置

　　技巧：在对光源体进行对齐操作时，可以将场景中除光源外的对象进行隐藏或冻结，这样可以更加方便准确地执行对齐操作。

（5）选择 VRaySun 光源对象，在主工具栏中单击 按钮，在 VRaySun 光源对象上按下鼠标左键进行拖动，将产生的虚线拖至 Sunlight 光源对象上并释放鼠标，在二者之间建立起父子链接关系，这样 VRaySun 光源对象将随着 Sunlight 光源对象的位置变化而产生连动变化。使用相同的方法将 VRaySun 目标对象链接到 Sunlight 目标对象，如图 4-32 所示。

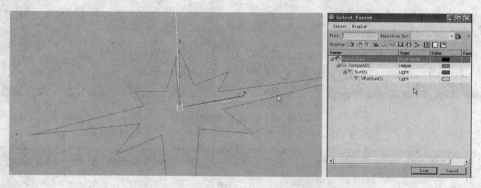

图 4-32　建立父子链接关系

　　说明：在 Sunlight 照明系统下，用户选择不同的时区和时间段可以直接影响到 Sunlight 的照射角度，在将 VRaySun 和 Sunlight 建立起父子链接关系后，则可以通过 Sunlight 的照射角度的变化来带动 VRaySun 产生照射角度的变化。

（6）选择 Sunlight 对象并在命令面板中单击 按钮，进入运动控制面板。单击 "Get Location（获取定位）" 按钮，打开 "Geographic Location（地理定位）" 窗口，在 "Map（地图）" 选项下拉菜单中选择 "Asia（亚洲）" 选项，并在左侧的 "City（城市）" 选项栏中指定

"Beijing China（中国北京）"选项，单击 ▭OK▭ 按钮，如图 4-33 所示。

图 4-33　指定 Sunlight 地理定位

（7）选择 Sunlight 对象，在编辑修改面板中关闭灯光照明开关和阴影投射开关。调整 VRaySun 的"intensity multiplier（强度倍增）"参数值为 0.01，同时调整 VRaySky 的"sun intensity multiplier（强度倍增）"参数值为 0.01，如图 4-34 所示。

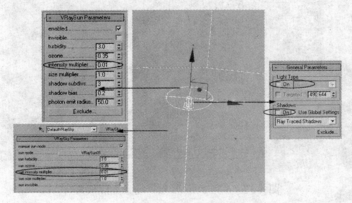

图 4-34　调整光源参数

> **注意**：Sunlight 的作用仅用来影响 VRaySun 的照射角度变化，因此将其照明开关和阴影投射开关选项关闭，并不对场景产生照明效果。

（8）在"Time（时间）"选型栏中调整光照时间为 2008 年 6 月 21 日 6 点钟，并对场景进行渲染，如图 4-35 所示。

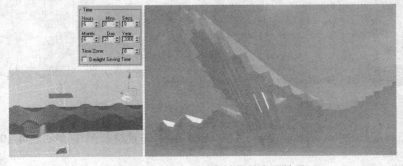

图 4-35　6 月 21 日 6 点钟场景光照效果

调整光照时间为 2008 年 6 月 21 日 7 点钟，并对场景进行渲染，如图 4-36 所示。

图 4-36　6 月 21 日 7 点钟场景光照效果

调整光照时间为 2008 年 6 月 21 日 8 点钟，并对场景进行渲染，如图 4-37 所示。

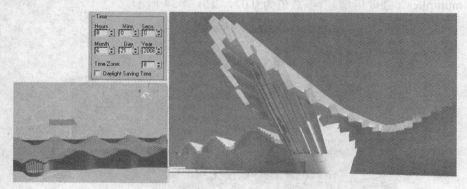

图 4-37　6 月 21 日 8 点钟场景光照效果

调整光照时间为 2008 年 6 月 21 日 10 点钟，并对场景进行渲染，如图 4-38 所示。

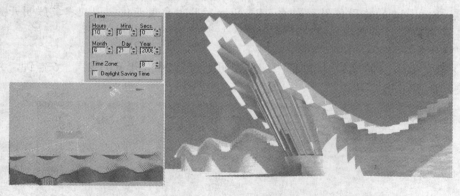

图 4-38　6 月 21 日 10 点钟场景光照效果

调整光照时间为 2008 年 6 月 21 日 12 点钟，并对场景进行渲染，如图 4-39 所示。

图 4-39　6 月 21 日 12 点钟场景光照效果

调整光照时间为 2008 年 6 月 21 日 14 点钟，并对场景进行渲染，如图 4-40 所示。

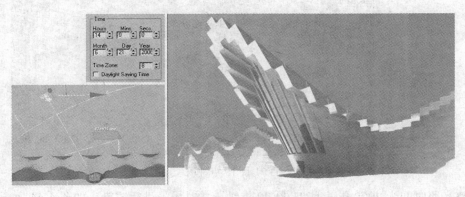

图 4-40　6 月 21 日 14 点钟场景光照效果

调整光照时间为 2008 年 6 月 21 日 16 点钟，并对场景进行渲染，如图 4-41 所示。

图 4-41　6 月 21 日 16 点钟场景光照效果

调整光照时间为 2008 年 6 月 21 日 18 点钟，并对场景进行渲染，如图 4-42 所示。

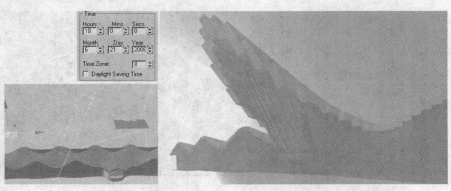

图 4-42　6 月 21 日 18 点钟场景光照效果

调整光照时间为 2008 年 6 月 21 日 19 点钟，并对场景进行渲染，如图 4-43 所示。

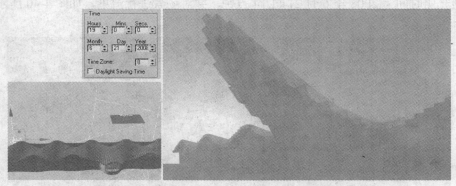

图 4-43　6 月 21 日 19 点钟场景光照效果

调整光照时间为 2008 年 6 月 21 日 20 点钟，并对场景进行渲染，如图 4-44 所示。

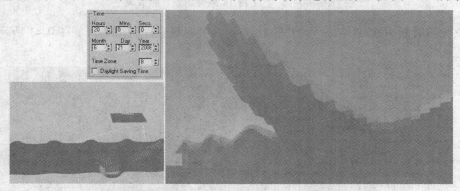

图 4-44　6 月 21 日 20 点钟场景光照效果

4.3　本章小结

本章主要讲解了 VRaylight 类型与 VRaySun 和 VRaySky 照明系统的应用，使读者对 VRay 强大的灯光系统有一个比较深入的了解，并帮助读者完成照片级的灯光效果。

第5章　VRay 1.5 材质解决方案

材质在 VRay 渲染过程中非常重要，它是物体表面各种可视属性的结合，如色彩、纹理、光滑度、透明度、反射率、折射率和发光度等。也正是有了这些属性，计算机模拟的三维虚拟世界才会更加接近真实世界。

5.1　VRay 材质概述

VRay 渲染器自身提供了 7 种材质类型和 8 种贴图类型，如图 5-1 所示。

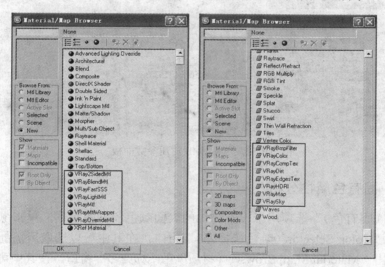

图 5-1　VRay 材质和贴图类型

VRay 所提供的材质类型有 "VRay2SideMtl（VRay 双面材质）" "VRayBlendMtl（VRay 混合材质）" "VRayFastSSS（VRay 快速 SSS 材质）"、"VRayLightMtl（VRay 灯光材质）"、"VRayMtl（VRay 材质）"、"VRayMtlWrapper（VRay 包裹材质）" 和 "VRayOverrideMtl（VRay 覆盖材质）" 共 7 种。

而 VRay 所提供的贴图类型有 "VRayBmpFilter（VRay 位图过滤贴图）"、"VRayColor（VRay 颜色贴图）"、"VRayCompTex（VRay 合成贴图）"、"VRayDirt（VRay 污渍贴图）"、"VRayEdgesTex（VRay 边界纹理贴图）"、"VRayHDRI（VRay 高动态范围贴图）"、"VRayMap（VRay 贴图）" 和 "VRaySky（VRay 天光贴图）" 类型共 8 种。

同 3ds max 所提供的其他材质和贴图类型相同，对于 VRay 材质和贴图可以通过材质编辑器中的 "Material/Map Browser（材质/贴图浏览器）" 来进行指定。

对于传统意义上的包括物体的漫反射颜色、反射、折射、凹凸、表面纹理等基本属性的调节，VRay 所提供的材质和贴图类型除了在操作方法上同 3ds max 的材质贴图类型有所不同之外，而且也提供了一些新的属性控制选项和参数，这样就为广大用户在图像表现上提供了更多的可能性和更大的发挥空间。

在对场景进行材质模拟和制作的过程中，用户既可以按照原有的制作习惯使用 3ds max 提供的材质贴图类型进行模拟，也可以使用 VRay 所提供的各种材质贴图类型，而 VRay 渲染器对 3ds max 默认的大多数材质贴图类型也保持了很好的兼容性。

5.2 VRayMtl 材质设置

VRayMtl 材质是 VRay 渲染器所提供的一种使用频率最高的材质类型，配合 VRay 渲染器的渲染功能来使用可以得到很好的物理属性的表现和较快的渲染速度，其参数面板如图 5-2 所示。

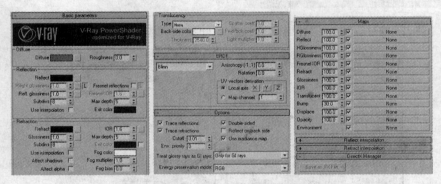

图 5-2　VRayMtl 材质参数面板

5.2.1　固有色属性分析

"Diffuse（固有色）"选项用于设置物体的表面颜色和贴图纹理，单击颜色选项右侧的色块，将弹出"Color Selector（颜色选择器）"窗口，在其中可以选取所需的颜色。单击贴图按钮，将弹出"Material/Map Browser（材质/贴图浏览器）"窗口，在其中可以选择各种类型贴图，如图 5-3 所示。

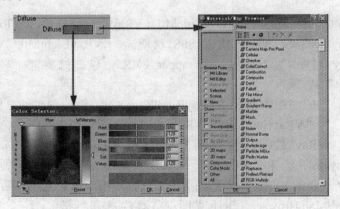

图 5-3　颜色和贴图的指定

通过"Diffuse（固有色）"选项的贴图功能模拟物体表面颜色和图案的效果如图 5-4 所示。

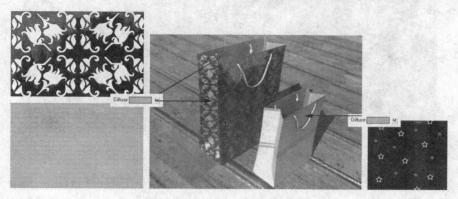

图 5-4　Diffuse 选项贴图效果

Roughness（粗糙度）"参数用于在不增加网格细分的情况下调节表面的粗糙程度。

> 提示：在场景中物体表面所呈现出的颜色或图案纹理不但与"Diffuse（固有色）"属性有关，还要考虑到光源照射的颜色和周围环境的反射颜色等因素。

 ### 5.2.2　反射属性分析

"Reflection（反射）"选项组主要用于设置材质对光线的反射效果。

"Reflect（反射）"选项用于控制材质对周围环境的反射强度，可以通过颜色或贴图来控制反射的强度。

使用颜色控制时将通过选定颜色的灰度来控制反射的强度，当反射颜色被设置为白色时，则表示对环境光线的完全反射，而当反射颜色被设置为黑色时，则表示对环境光线不进行反射。而在使用贴图进行控制时，原理同颜色控制相同，仍然通过贴图上的不同颜色灰度值来代表不同的反射强度，如图 5-5 所示。

图 5-5　反射强度调整效果

"Hilight glossiness（高光光泽度）"参数用于控制材质的高光范围大小，在默认情况下同"Refl.glossiness（反射模糊）"参数锁定，单击 L 按钮可以解除锁定状态并进行独立调节，如图 5-6 所示。

图 5-6　高光光泽度调整效果

"Refl.glossiness（反射模糊）"参数用于控制材质反射的模糊程度，当参数值为 1 时没有反射模糊效果，而参数值越小则反射模糊越强烈，反之参数值越大则反射模糊越弱，也可以通过贴图中的颜色灰度来进行控制，如图 5-7 所示。

图 5-7　反射模糊调整效果

提示： 反射模糊是由于物体表面的细小凸凹所导致的光线漫反射而造成的，在真实环境中，所有的物体表面都存在不同程度的模糊反射，表面绝对光滑的物体是不存在的。

"Subdivs（细分）"参数控制材质模糊反射的品质，增大参数值可以取得细腻的模糊反射效果，同时也会增加渲染时间，如图 5-8 所示。

图 5-8　反射模糊细分调整效果

"Use interpolation（使用插补）"选项在开启状态下可以使用类似于发光贴图的缓

存方式来加速模糊反射的计算速度，默认情况下处于关闭状态。

"Fresnel reflections（菲涅耳反射）"选项在开启状态下，对于反射强度的计算将根据物体表面的入射角度而有所不同。

> 提示："Fresnel reflections（菲涅耳反射）"是真实环境下所存在的物体表面反射现象，物体表面的入射角度对反射强度会产生直接影响，入射角度越大则反射越强烈，而入射角度越小则反射越弱，当垂直入射时反射强度最弱，反射强度也可以通过"Fresnel IOR（菲涅耳反射率）"来进行调整，如图 5-9 所示。

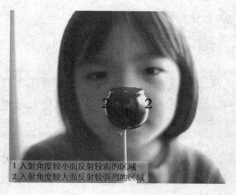

图 5-9　通过菲涅耳反射率调整反射强度

"Fresnel IOR（菲涅耳反射率）"控制菲涅耳反射的强度，在默认情况下同"Fresnel reflections"参数锁定并处于禁用状态，单击"Fresnel reflections"右侧的 L 按钮可以解除锁定状态。当参数值为 0 和 100 时产生完全反射，未开启菲涅耳反射以及菲涅耳反射率为 0 时的渲染图像效果如图 5-10 所示。

图 5-10　菲涅耳反射效果

> 提示：当参数值从 1 至 0 进行调整时，菲涅耳反射呈现从弱到强的变化，当参数值从 1 至 100 进行调整时，同样菲涅耳反射也呈现出从弱到强的变化，如图 5-11 所示。

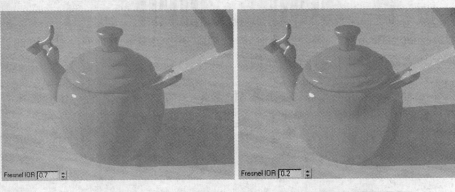

图 5-11　Fresnel IOR 参数值为 0.7 和 0.2 时的反射效果

　"Max depth（最大深度）"参数控制反射的最大次数。

> 提示：在真实环境中光线会在物体之间进行无限次的反射，但是只有最初的几次反射比较明显，之后的反射逐渐超出了肉眼可以观察到的限度，在此所设置的参数值越大则越接近于真实，同时也会消耗更多的渲染时间，因此通常可以使用默认参数值。

　"Exit color（退出颜色）"选项是指当场景中的反射达到所设置的"Max depth（最大深度）"数值后就会停止反射，此时"Exit color（退出颜色）"将替代由于反射次数不足而造成的反射区域的颜色。

5.2.3　折射属性分析

"Refraction（折射）"选项组主要用于设置材质对光线的折射效果。

　"Refract（折射）"选项用于控制材质对光线的折射强度，可以通过颜色或贴图来控制反射的强度。

使用颜色控制时将通过选定颜色的灰度来控制光线折射的强度，当折射颜色被设置为白色时，则表示物体具有完全的透明效果，而当反射颜色被设置为黑色时，则表示物体不具有折射条件。而在使用贴图进行控制时，原理同颜色控制相同，仍然通过贴图上的不同颜色灰度值来代表不同的折射强度，如图 5-12 所示。

图 5-12　折射强度调整效果

📓 "Glossiness（折射模糊）"参数用来控制材质折射的模糊程度，参数值越大则折射模糊程度越弱，而参数值越小则折射模糊程度越强烈，值得注意的是当折射模糊增大后也将导致渲染时间大幅度增加，参数值为 0.8 时的光线折射效果如图 5-13 所示。

图 5-13　折射模糊效果

📓 "Subdivs（细分）"参数控制模糊折射的质量，参数值加大会得到细腻的模糊反射效果，并延长渲染时间。

📓 "Use interpolation（使用插补）"选项在开启状态下可以使用类似于发光贴图的缓存方式来加速折射模糊的计算速度，默认情况下处于关闭状态。

📓 "Affect shadows（影响阴影）"选项用于控制透明物体的阴影，该选项在开启状态下可以得到真实的透明阴影。

注意："Affect shadows（影响阴影）"选项仅针对 VRay 阴影类型或 VRay 灯光的阴影有效。

📓 "Affect alpha（影响 Alpha）"选项在开启状态下会影响透明物体在 Alpha 通道内的效果。

📓 "IOR（折射率）"参数用于指定透明物体的折射率，也就是光线在穿过透明物体时方向发生改变的程度。

提示：在进行建筑装饰设计表现时，经常会使用到的不同物质的折射率有：水的折射率为 1.33、冰的折射率是 1.31、玻璃的折射率是 1.5、水晶的折射率是 2.0、钻石的折射率是 2.4，不同折射率透明物体的材质模拟效果如图 5-14 所示。

图 5-14　不同折射率透明物体效果

"Max depth（最大深度）"参数控制折射发生的最大次数。

 "Exit color（退出颜色）"选项是指当场景中的折射达到所设置的"Max depth（最大深度）"数值后就会停止折射计算，此时"Exit color（退出颜色）"将替代由于折射次数不足而造成的折射区域的颜色。

 "Fog color（雾颜色）"选项控制发生次表面散射的效果和颜色，在视觉效果上当光线穿过透明物体时，光线将被削减并产生类似半透明物体的效果，如图 5-15 所示。

图 5-15　Fog color 影响效果

> 提示：对于厚度不同的物体，相同的"Fog color（雾颜色）"设置将会产生不同的效果，厚度较大的物体会造成雾颜色在物体内部的叠加而形成较深的颜色，用户在进行模拟时可以适当提高颜色亮度。

 "Fog multiplier（雾倍增）"参数控制雾的浓度，参数值越大，则穿透物体的光线越少，反之参数值越小则使物体看上去更加透明。

 "Fog bias（雾偏移）"参数控制雾沿朝向摄像机的方向进行偏移。

5.2.4　半透明属性分析

"Translucency（半透明）"选项组主要用于控制材质的次表面反射（SSS）效果。

> 提示：次表面反射是指当光线在穿过物体的过程中，会在物体内部进行反弹，同时混合物体颜色从物体表面进行发射。次表面反射效果的模拟需要结合折射和"Fog color（雾颜色）"设置来进行。

 "Type（类型）"下拉菜单中提供了三种模式，分别是"Hard（wax）model（硬质感模式）"、"Soft（water）model（软质感模式）"和"Hybrid model（混合模式）"，如图 5-16 所示。

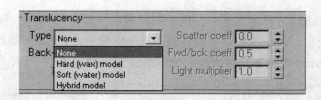

图 5-16　半透明类型

　"Back-side color（背面颜色）"选项用于控制次表面散射的颜色。

　"Thickness（厚度）"参数用于控制光线在物体内部被追踪的深度，参数值越小则光线追踪的深度越低，这样只在比较薄的位置产生次表面散射现象，增大参数值可以使物体被光线穿透。

　"Scatter coeff（散射系数）"参数值用于控制物体内部的散射数量。当参数值为 0时，则光线在所有方向上进行散射，当参数值为 1 时，则在次表面散射的过程中光线不能改变方向。

　"Fwd/bck coeff（向前/向后系数）"参数值用于控制光线散射的方向。当参数值为0 时，光线沿着从光源投射的方向向前散射，当参数值为 1 时，光线沿着从光源投射的方向向后散射，当参数值在 0 到 1 之间时，光线同时向两个方向散射。

　"Light multiplier（灯光倍增）"参数用于控制光线次表面散射在物体内部的衰减程度，参数值越大则散射效果越强烈。

使用 VRay 渲染器渲染出的次表面散射图像效果如图 5-17 所示。

图 5-17　次表面散射效果

 ### 5.2.5　双向反射分布属性分析

"BRDF（双向反射分布）"卷展栏主要用于控制物体表面的反射属性，其参数面板如图5-18 所示。

图 5-18　BRDF 参数面板

"Type（类型）"下拉菜单中提供了三种双向反射分布类型，分别是 Phong、Blinn 和 Ward 类型。Phong 类型下物体表面高光区域较小，Blinn 类型下物体表面高光区域较大，Ward 类型下物体表面高光区域最大，如图 5-19 所示。

图 5-19　双向反射分布类型

 "Anisotropy（各向异性）"参数用来控制高光各向异性的形状特征，当"Hilight glossiness（高光光泽度）"参数值为 0.9 时，依次选择三种 BRDF 类型的效果如图 5-20 所示。

图 5-20　各向异性效果

 "Rotation（旋转）"参数控制高光的旋转角度。

 "UV vectors derivation（UV 向量来源）"用于控制高光形状的轴向，也可以通过"Map channel（贴图通道）"进行设置。

5.2.6　选项参数分析

"Options（选项）"卷展栏用于控制是否产生反射/折射效果，其参数面板如图 5-21 所示。

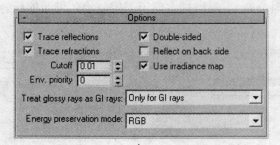

图 5-21　Options 参数面板

- "Trace reflections（追踪反射）"选项控制光线是否跟踪反射，关闭该选项将无法渲染出材质反射效果。
- "Trace refractions（追踪折射）"选项控制光线是否跟踪折射，关闭该选项将无法渲染出材质折射效果。
- "Cutoff（终止）"参数控制光线反射/折射的极限值。
- "Double-sided（双面）"选项在开启状态下，VRay 渲染的面为双面效果。
- "Reflect on back side（背面反射）"选项在开启状态下，VRay 会强制计算物体背面的反射效果。
- "Use irradiance map（使用发光贴图）"选项控制当前材质是否使用发光贴图，在开启状态下可以加快渲染速度。
- "Treat glossy rays as GI rays（平滑射线作为全局光照射线）"下拉菜单中提供了三种全局光照射线类型，分别是"Never（从不）"、"Only for GI rays（只为全局光线）"和"Always（总是）"类型。

> 提示：在"Never（从不）"类型下，VRay 会使用部分光线追踪物体的光泽度，在"Only for GI rays（只为全局光线）"类型下，VRay 会在间接照明计算时强制对当前材质使用一部分光线来追踪漫反射和光泽度，在"Always（总是）"类型下，VRay 会强制在任何情况下使用光线来追踪漫反射和光泽度。

- "Energy preservation mode（能量保持模式）"选项提供了两种模式，分别是 RGB 和 Monochrome 模式。

5.3　常用材质类型

VRay 中提供了多种常用的材质类型，下面将逐一介绍。

5.3.1　VRaylightMtl 材质类型

VRaylightMtl 材质通常用于模拟物体的自发光特效。在渲染速度方面，VRaylightMtl 材质要快于 3ds max 标准材质的"Self-illumination（自发光）"属性模拟。同样，也可以通过纹理贴图来控制 VRaylightMtl 材质所产生的发光效果，其参数面板如图 5-22 所示。

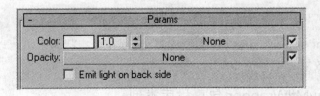

图 5-22　VRaylightMtl 材质参数面板

- "Color（颜色）"选项控制自发光颜色，如图 5-23 所示。

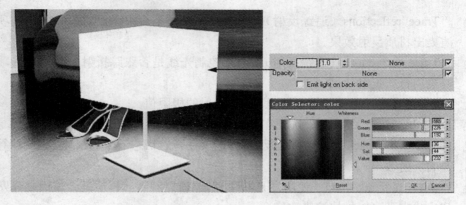

图 5-23 控制自发光颜色

"Multiplier（倍增）"参数控制材质发光的亮度。

> 提示：通过 VRaylightMtl 材质模拟物体发光效果时，倍增值过大会导致发光物体颜色趋近于纯白色，但值得注意的是参与到全局光照计算的光线仍然会按照颜色选项中所设置的发光颜色来进行。

"Texmap（纹理）"选项可以用于进行贴图的指定，依据贴图的颜色和灰度值进行发光。

"Opacity（透明度）"选项可以指定贴图来对自发光物体的透明度进行控制，如图 5-24 所示。

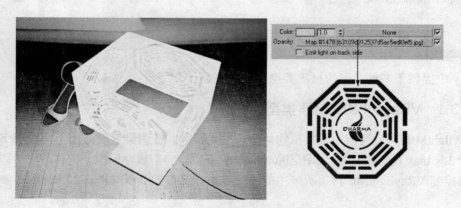

图 5-24 透明度选项效果

"Emit light on back side（背面发光）"选项在开启状态下，可以使材质光源的背面产生发光效果。

5.3.2 VRayMtlWrapper 包裹材质类型

VRayMtlWrapper 包裹材质类型主要用于控制材质的全局光照、焦散和不可见等属性。通过包裹材质可以对其他材质类型进行套叠，其参数面板如图 5-25 所示。

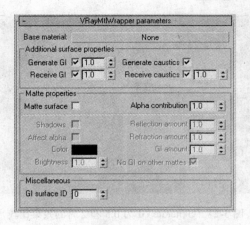

图 5-25　VRayMtlWrapper 参数面板

单击"Base material（基础材质）"选项右侧的按钮，可以在弹出的"Material/Map Browser（材质贴图浏览器）"窗口中指定基础材质类型。

1．附加表面属性选项组

"Additional surface properties（附加表面属性）"选项组用于控制基础材质的全局光照和焦散属性。

　"Generate GI（产生全局光照）"选项控制基础材质是否参与全局光照计算，在选项右侧的数字输入框中可以设置产生间接照明的倍增值，参数值在默认情况下为 1.0 时的效果如图 5-26 所示。

图 5-26　Generate GI 为 1.0 时的效果

> 提示：当"Generate GI（产生全局光照）"倍增值为 0.5 和 2 时的效果比较如图 5-27 所示。

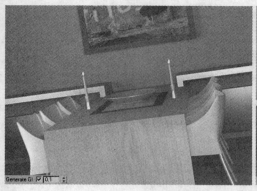

图 5-27　Generate GI 为 0.5 和 2 时的效果比较

    "Receive GI（接受全局光照）"选项控制基础材质是否接受间接照明，在选项右侧的数字输入框中可以设置接受间接照明的倍增值，参数值为 0.3 和 3.0 时的效果比较如图 5-28 所示。

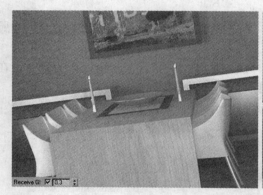
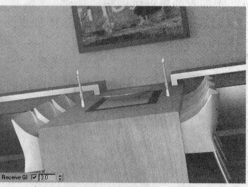

图 5-28　Receive GI 为 0.3 和 3 时的效果比较

    "Generate caustics（产生焦散）"选项用于设置当前基础材质是否会反射或折射来自光源反射的光线，并产生焦散效果。

    "Receive caustics（接收焦散）"选项用于设置是否接受其他物体所产生的焦散效果的影响，并可以在右侧的数字输入框中输入产生焦散的倍增值。

2．不可见属性选项组

"Matte properties（不可见属性）"选项组用于模拟不可见材质效果。

    "Matte surface（不可见表面）"选项用于控制赋予包裹材质的物体是否可见，在开启状态下，物体将在场景中不可见。

    "Alpha contribution（Alpha 通道呈现）"选项用于控制赋予包裹材质的物体在 Alpha 通道中的显示状态，当参数值为 0 时将不产生 Alpha 通道。

    "Shadows（阴影）"选项控制赋予包裹材质的物体是否产生阴影。

    "Affect alpha（影响 Alpha）"选项控制物体阴影是否在 Alpha 通道中显示。

    "Color（颜色）"选项赋予包裹材质的物体所产生的阴影颜色。

"Brightness（亮度）"参数赋予包裹材质的物体所产生阴影的亮度。

"Reflection amount（反射数量）"参数控制赋予包裹材质的物体的反射程度。

"Refraction amount（折射数量）" 参数控制赋予包裹材质的物体的折射程度。

"GI amount（全局光照数量）"参数控制赋予包裹材质的物体接受间接照明的程度。

 ### 5.3.3　VRayBmpFilter 贴图类型

"VRayBmpFilter（VRay 位图过滤）"贴图类型是一种简单的贴图类型，可以用于对贴图纹理进行 UV 方向的再编辑，其参数面板如图 5-29 所示。

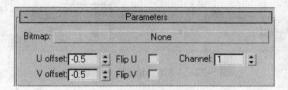

图 5-29　VRayBmpFilter 参数面板

"Bitmap（位图）"选项用于指定基础位图文件。

"U offset（U 向偏移）"参数控制位图在 U 方向的偏移程度，默认值为-0.5，参数值为-0.5 和 145.0 时的效果比较如图 5-30 所示。

图 5-30　U offset 调整效果比较

"Flip U（U 向翻转）"选项在开启状态下，贴图沿 U 方向进行对称翻转，如图 5-31 所示。

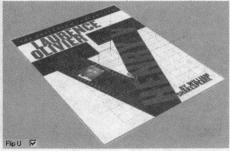

图 5-31　Flip U 选项作用比较

143

➲ "V offset（V 向偏移）" 参数控制位图在 V 方向的偏移程度，默认值为-0.5。

➲ "Flip V（V 向翻转）" 选项在开启状态下，贴图沿 V 方向进行对称翻转。

➲ "Channel（通道）" 选项主要与物体指定的贴图坐标相对应。

5.3.4 VRayEdgesTex 贴图类型

"VRayEdgesTex（VRay 边界纹理）" 贴图类型效果类似于 3ds max 的材质边框效果，可以使物体产生网格线框的效果，其参数面板如图 5-32 所示。

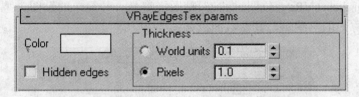

图 5-32 VRayEdgesTex 参数面板

3ds max 的材质边框效果与 "VRayEdgesTex（VRay 边界纹理）" 贴图效果的比较如图 5-33 所示。

图 5-33 3ds max 的材质边框与 VRay 边界纹理贴图效果

➲ "Color（颜色）" 选项用于设置边界网格线框的颜色，如图 5-34 所示。

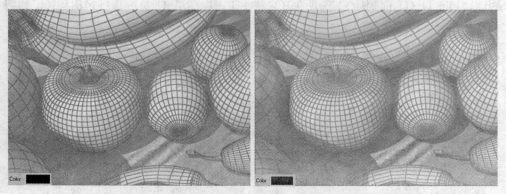

图 5-34 颜色选项调整效果比较

"Hidden edges（隐藏边界）"选项在开启状态下，将对物体隐藏的边线进行渲染，如图 5-35 所示。

图 5-35　Hidden edges 选项作用效果

　"Thickness（厚度）"选项用于控制渲染边界线的宽度，分为"World units（世界单位）"和"Pixels（像素）"两种控制方式。

　"World units（世界单位）"方式下，控制边界线宽度的数值将以当前场景中的单位尺寸来进行计算，"Pixels（像素）"方式下，控制边界线宽度的数值将以像素来进行计算。

5.3.5　VRayHDRI 贴图类型

"VRayHDRI（VRay 高动态范围）"贴图类型通常用于模拟场景中的环境光照和环境反射，其参数面板如图 5-36 所示。

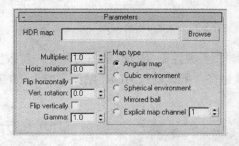

图 5-36　VRayHDRI 参数面板

提示：HDRI 是一种亮度范围非常广的图像，它比其他格式的图像有着更大亮度的数据贮存，而且它记录亮度的方式与传统的图片不同，不是用非线性的方式将亮度信息压缩到 8bit 或 16bit 的颜色空间内，而是用直接对应的方式记录亮度信息，可以说记录了图片环境中的照明信息，因此我们可以使用这种图像来"照亮"场景。有很多 HDRI 文件是以全景图的形式提供的，我们也可以用它做环境背景来产生反射与折射。

　"HDR map（高动态范围贴图）"选项用于指定高动态范围贴图，在不同 HDR 环境贴图下的场景渲染图像效果如图 5-37 所示。

图 5-37　不同 HDR 环境贴图下的渲染效果

提示：在材质编辑器的材质贴图通道中直接指定的 HDRI 贴图是不能在材质球上进行预览的，在使用时通常在 VRay 渲染设置面板的"Environment（环境）"卷展栏中指定 HDR 贴图，再将其以"Instance（关联）"方式复制到材质球上进行显示和参数调整，如图 5-38 所示。

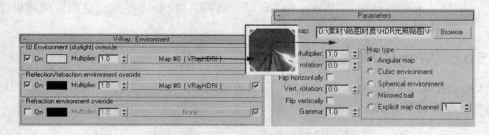

图 5-38　关联 HDR 贴图显示与参数调整

"Multiplier（倍增）"参数控制 HDR 贴图的亮度，参数值越高，则对应场景中的环境光照或反射也就越亮，测试场景 HDRI 贴图亮度为 2.0 时的渲染图像效果如图 5-39 所示。

图 5-39　Multiplier 参数值为 2.0 时的渲染图像效果

技巧：调整"Multiplier（倍增）"参数值为 4.0，并对场景进行渲染，渲染图像效果如图 5-40 所示。

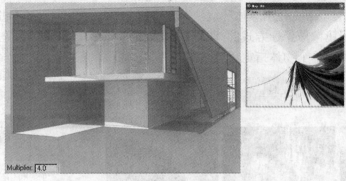

图 5-40　Multiplier 参数值为 4.0 时的渲染图像效果

"Horiz rotation（水平旋转）"参数控制 HDRI 贴图在水平方向的旋转角度，如图 5-41 所示。

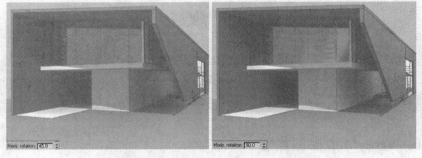

图 5-41　Horiz rotation 参数调整效果比较

"Flip horizontally（水平翻转）"选项在开启状态下，可以使 HDRI 贴图在水平方向上进行翻转，相当于沿水平方向的镜像。

"Vert rotation（垂直旋转）" 参数控制 HDRI 贴图在水平方向的旋转角度。

Flip vertically（垂直翻转）"选项在开启状态下，可以使 HDRI 贴图在垂直方向上进行翻转，相当于沿垂直方向的镜像。

"Gamma（伽马）"参数控制 HDRI 贴图的伽马值校正，如图 5-42 所示。

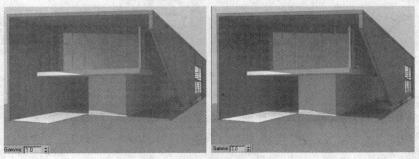

图 5-42　伽马值校正效果比较

"Map Type（贴图类型）"选项主要控制 HDRI 的贴图方式："Angular map（角度贴图）"类型下将使用对角拉伸坐标方式的 HDRI；"Cubic environment（立方体环境）"类型下将使用立方体环境坐标方式的 HDRI；"Spherical environment（球体环境）"类型下将使用球体环境坐标方式的 HDRI；"Mirrored ball（镜像球）"类型下将使用镜像球坐标方式的 HDRI；"Explicit map channel（外在贴图通道）"类型主要用于对单个物体指定环境贴图。

> 提示：不同 HDRI 贴图类型下的坐标显示如图 5-43 所示。

图 5-43　HDRI 贴图坐标类型

> 提示：HDRI 与全景图有本质的区别，全景图指的是包含了 360 度范围场景的普通图像，可以是 JPG 格式、BMP 格式、TGA 格式等等，属于 Low-Dynamic Range Radiance Image，它并不带有光照信息，而高动态范围图像的文件格式为.hdr。

5.3.6　VRayMap 贴图类型

VRayMap 贴图类型可以为 3ds max 默认的 "Standard（标准）"材质类型增加 "Reflection（反射）"和"Refraction（折射）"效果，其参数面板如图 5-44 所示。

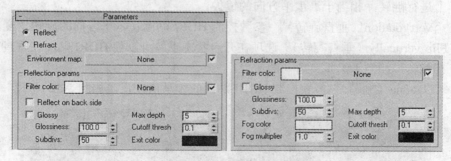

图 5-44　VRayMap 参数面板

> 提示：VRay 渲染器不能正确反映"Standard（标准）"材质类型下"Reflection（反射）"和"Refraction（折射）"贴图通道内所指定的"Ratrace（光线追踪）"计算，所以需要通过 VRayMap 贴图类型来进行模拟。

1．基础选项组

基础选项组用于指定 VRayMap 发生作用的通道类型以及环境贴图的选取。

（1）"Reflect（反射）"选项在开启状态下，VRayMap 将参与材质反射的计算。

（2）"Refract（折射）"选项在开启状态下，VRayMap 将参与材质折射的计算。

（3）"Environment maps（环境贴图）"选项用于为 VRayMap 指定环境贴图。

2．反射选项组

"Reflection params（反射参数）"选项组用于对 VRayMap 在反射通道内发生作用的颜色、模糊和细分等效果进行控制。

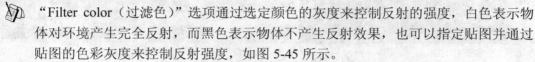　"Filter color（过滤色）"选项通过选定颜色的灰度来控制反射的强度，白色表示物体对环境产生完全反射，而黑色表示物体不产生反射效果，也可以指定贴图并通过贴图的色彩灰度来控制反射强度，如图 5-45 所示。

图 5-45　Filter color 调整效果比较

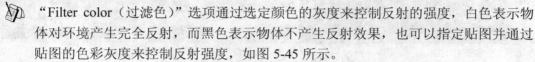　"Reflect on back side（在背面反射）"选项在开启状态下，将计算物体背面的反射效果。

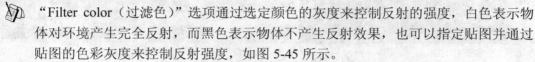　"Glossy（模糊）"选项在开启状态下，将产生模糊反射效果。

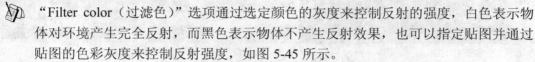　"Glossiness（反射模糊）"参数控制模糊反射的程度，当参数值为 0 时模糊反射达到最大，当参数值为 100 时基本不产生模糊反射。

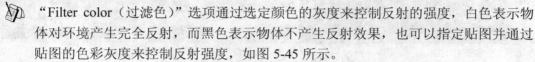　"Subdivs（细分）"参数控制模糊反射的质量，参数值越大则模糊效果越好，但会消耗较多的渲染时间。

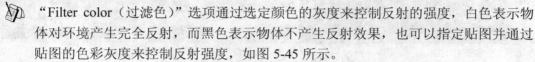　"Max depth（最大深度）"参数控制反射发生的次数。

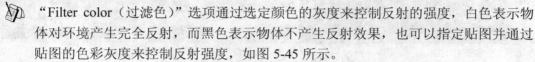　"Cutoff thresh（终止极限）"参数控制结束反射的极限数值。

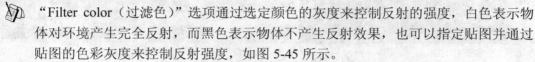　"Exit color（退出颜色）"选项控制反射达到终止极限后，未被追踪的区域所显示的颜色。

3．折射选项组

"Refraction params（折射参数）"选项组用于对 VRayMap 在折射通道内发生作用的颜色、模糊和细分等效果进行控制。

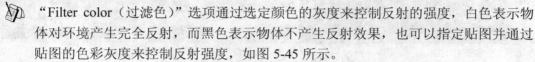　"Filter color（过滤色）"选项通过选定颜色的灰度来控制折射的强度，白色表示物

体对环境产生完全折射，而黑色表示物体不产生折射效果，也可以指定贴图并通过贴图的色彩灰度来控制折射强度，测试场景的材质设置如图5-46所示。

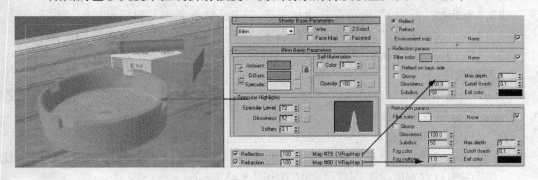

图 5-46 测试场景的材质设置

技巧：分别设置"Filter color（过滤色）"为白色和黑色时的渲染效果比较如图 5-47 所示。

图 5-47 Filter color 影响效果比较

 "Glossy（模糊）"选项在开启状态下，将产生模糊折射效果。

 "Glossiness（折射模糊）"参数控制模糊折射的程度，当参数值为 0 时模糊折射达到最大，当参数值为 100 时基本不产生模糊折射。

 "Subdivs（细分）"参数控制模糊折射的质量，参数值越大则模糊效果越好，但会消耗较多的渲染时间。

 "Fog color（雾颜色）"选项控制材质折射程度和颜色，颜色越深则光线穿透能力越弱，颜色越浅则光线穿透能力越强，物体显得越透明。

 "Fog multiplier（雾倍增）"参数控制雾浓度。

技巧：调整"Fog color（雾颜色）"选项和"Fog multiplier（雾倍增）"参数的渲染图像效果如图5-48所示。

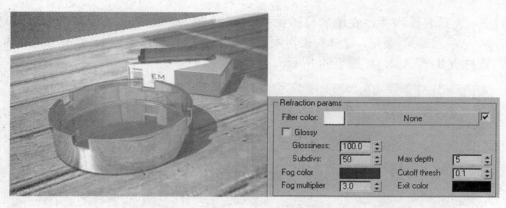

图 5-48   材质折射雾效效果

 "Max depth（最大深度）"参数控制折射发生的次数。

"Cutoff thresh（终止极限）"参数控制结束折射的极限数值。

"Exit color（退出颜色）"选项控制折射达到终止极限后，未被追踪的区域所显示的颜色。

5.4   材质效果模拟

VRay 的材质功能十分强大，本小结将讲述模拟餐具材质、香水透明材质和毛巾材质的方法。

 ### 5.4.1   VRayBlendMtl 餐具材质效果模拟

VRayBlendMtl 混合材质可以将多个材质以层叠加的方式来模拟物体表面比较复杂的材质或纹理效果。

餐具材质效果模拟步骤如下：

（1）打开随书光盘中"第 5 章 VRay 1.5 材质解决方案"→"Scenes"→"VRayBlendMtl 餐具材质模拟.max"文件。单击<M>键打开"Material Editor（材质编辑器）"窗口，选择空白材质球并指定"Multi/Sub-Object（多维次物体）"材质类型，设置次级材质样本数量为 3，将该材质指定给场景中的餐碟物体，如图 5-49 所示。

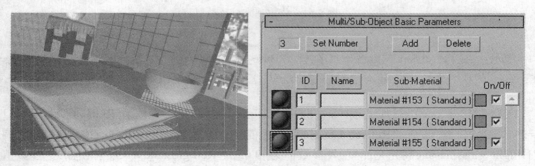

图 5-49   指定餐碟多维次物体材质类型

（2）选择餐碟物体，在编辑修改面板中进入"Editable Poly（可编辑多边形）"的"Polygon（多边形）"级别，选择餐碟物体上表面并设置材质 ID 号为 1，选择餐碟物体下表面并设置材质 ID 号为 2，如图 5-50 所示。

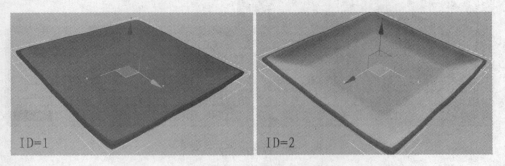

图 5-50　设置表面材质 ID 号

（3）在"Multi/Sub-Object（多维次物体）"材质编辑窗口中，单击 ID 为 1 的次级材质按钮进入其编辑窗口中，为其指定 VRayBlendMtl 混合材质类型。

（4）单击"Base material（基础材质）"右侧的贴图按钮，在弹出的"Basic parameters（基本参数）"窗口中指定 VRayMtl 材质类型，如图 5-51 所示。

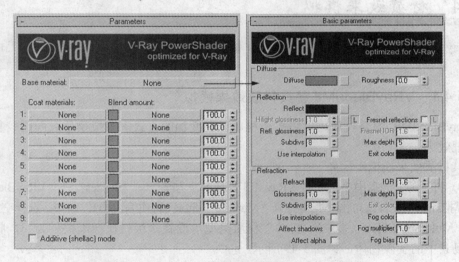

图 5-51　指定基础材质类型

> 提示：在 VRayBlendMtl 混合材质中，"Base material（基础材质）"可以被理解为最基层的材质，在其下方的"Coat material（表面材质）"通过一定的混合程度对其进行覆盖。

（5）在 VRayMtl 材质面板中，设置"Diffuse（漫反射）"颜色的 RGB 值为（R=251，G=251，B=251），设置"Reflect（反射）"颜色的 RGB 值为（R=20，G=20，B=20），调整"Hilight glossiness（高光光泽度）"参数值为 0.65，"Refl.glossiness（反射模糊）"参数值为 0.7，其参数设置如图 5-52 所示。

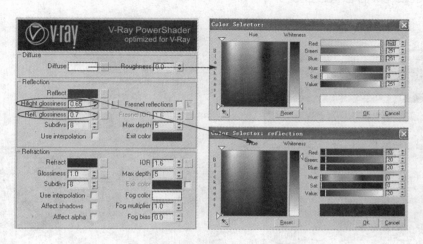

图 5-52　VRayMtl 材质参数设置

（6）返回 VRayBlendMtl 混合材质面板层级，单击"Coat material（表面材质）"选项栏中的 1 号材质按钮，将其指定为 VRayMtl 材质类型，其参数设置如图 5-53 所示。

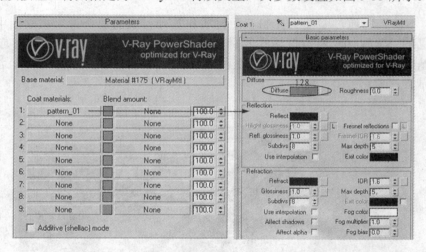

图 5-53　表面 VRayMtl 材质参数设置

> 提示："Coat material（表面材质）"可以被认为是覆盖在"Base material（基础材质）"之上的材质，覆盖的程度由"Blend amount（混合量）"所决定。

（7）单击"Coat material（表面材质）"选项栏的中 1 号材质所对应的"Blend amount（混合量）"贴图按钮，在其中选择"Bitmap（位图）"类型，并指定光盘"第 5 章 VRay 1.5 材质解决方案"→"贴图"→"010_01.jpg"文件，如图 5-54 所示。

> 提示："Blend amount（混合量）"表示"Coat material（表面材质）"对于"Base material（基础材质）"的覆盖程度，通过颜色的灰度值来控制混合量，当颜色为白色时，表面材质将对基础材质进行完全覆盖，而当颜色为黑色时，基础材质对表面材质进行完全覆盖，也可以通过贴图的灰度值来控制混合量。

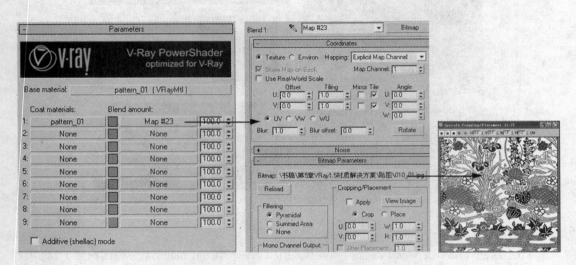

图 5-54　指定混合量贴图

　　这样，本例采用通过贴图来控制表面材质和基础材质的混合量，在贴图中白色区域对应所设置的 VRayMtl 表面材质在物体表面显示，而贴图中黑色区域对应所设置的 VRayMtl 基础材质在物体表面显示，而灰色区域则由两种材质进行混合显示，渲染效果如图 5-55 所示。

图 5-55　餐碟表面 VRayBlendMtl 混合材质效果

　　（8）对应餐碟底部的"Multi/Sub-Object（多维次物体）"材质中 ID 号为 2 的材质参数调整如图 5-56 所示。

　　（9）将当前编辑的"Multi/Sub-Object（多维次物体）"材质赋予给瓷碗物体，在"Editable Poly（可编辑多边形）"的层级下为其划分材质 ID 号，如图 5-57 所示。

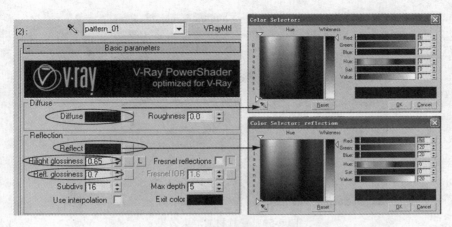

图 5-56　餐碟底部材质编辑

图 5-57　指定物体表面 ID

（10）对应瓷碗内壁的"Multi/Sub-Object（多维次物体）"材质中 ID 号为 3 的材质参数调整如图 5-58 所示。

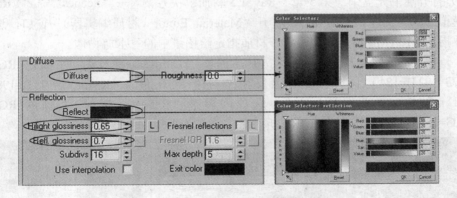

图 5-58　瓷碗内壁材质编辑

这样所编辑的餐具材质在场景中的渲染效果如图 5-59 所示。

5.4.2　VRayMtl 香水透明材质效果模拟

香水物体主要有以下四部分组成：瓶体、香水液体、标签和标志，在本例中主要模拟瓶体和香水液体的材质效果，如图 5-60 所示。

图 5-59　餐具材质渲染效果

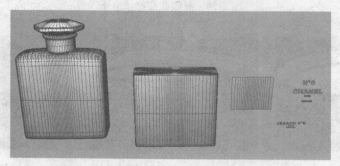

图 5-60　香水物体组成

香水透明材质效果模拟步骤如下：

（1）打开随书光盘中"第 5 章 VRay 1.5 材质解决方案"→"Scenes"→"VRayMtl 透明材质模拟.max"文件。单击<M>键打开"Material Editor（材质编辑器）"窗口，选择空白材质球并指定 VRayMtl 材质类型，将该材质指定给场景中的香水瓶物体。

（2）在 VRayMtl 材质属性面板中，调整"Diffuse（漫反射）"颜色 RGB 值为（R=192,G=192,B=184），调整"Reflect（反射）"颜色 RGB 值为（R=198,G=198,B=198），开启"Fresnel reflections（菲涅耳反射）"选项，调整"Refract（折射）"颜色 RGB 值为（R=255,G=255,B=255）并设置"IOR（折射率）"参数为 1.6，如图 5-61 所示。

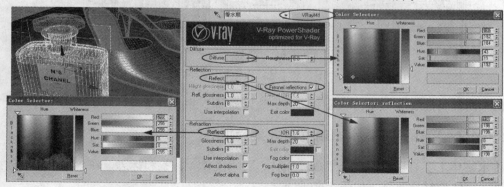

图 5-61　香水瓶 VRayMtl 材质编辑

　　提示：在设置瓶体材质"IOR（折射率）"时，为了表现出强烈的折射效果，并未设置为常规意义上的折射率 1.3，而是将其有所提高设置为 1.6。

　　（3）为香水液体指定 VRayMtl 材质类型，调整"Diffuse（漫反射）"颜色 RGB 值为（R=230,G=169,B=39），调整"Reflect（反射）"颜色 RGB 值为（R=188,G=188,B=188），开启"Fresnel reflections（菲涅耳反射）"选项，调整"Refract（折射）"颜色 RGB 值为（R=255,G=255,B=255）并设置"IOR（折射率）"参数为 1.6，调整"Fog color（雾颜色）"颜色 RGB 值为（R=210,G=168,B=77），修改"Fog multiplier（雾倍增）"参数值为 0.7，开启"Affect shadows（影响阴影）"选项，如图 5-62 所示。

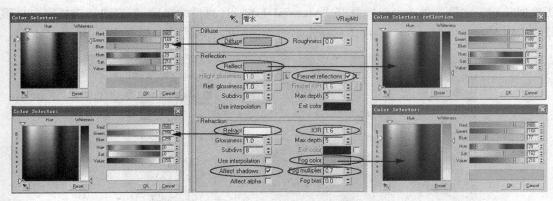

图 5-62　香水液体 VRayMtl 材质编辑

　　说明：在编辑各种物质材质的过程中，制作者要着重把握物体材质在真实环境中所体现出的物体属性，包括在进行玻璃和液体等透明材质的制作时，要充分考虑到其在不同的环境和光照条件下产生的细腻变化，包括颜色、反射、折射、透明度和雾效等，只有灵活地将真实的材质反映和 VRayMtl 材质的各种属性调节联系起来，才能够得到真实丰富的材质效果。

　　这样所编辑的香水透明材质在场景中的渲染效果如图 5-63 所示。

图 5-63　香水透明材质的渲染效果

5.4.3 VRayMtl 毛巾材质模拟

在 VRayMtl 材质的"Displace（置换）"贴图通道中通过制定贴图可以使曲面的几何体产生位移。它的效果与使用"VRayDisplacementMod（VRay 置换修改器）"命令相似，但是同"Bump（凹凸）"贴图不同，置换贴图实际上更改了曲面的几何体或面片细分。置换贴图应用材质的灰度生成位移。二维图像中亮色要比暗色向外推进得更为厉害，从而产生了几何体的三维位移。

毛巾材质效果模拟步骤如下：

（1）打开光盘中"第 5 章 VRay 1.5 材质解决方案"→"Scenes"→"VRayMtl 毛巾材质模拟.max"文件。单击<M>键打开"Material Editor（材质编辑器）"窗口，选择空白材质球并指定 VRayMtl 材质类型，将该材质指定给场景中的毛巾物体，如图 5-64 所示。

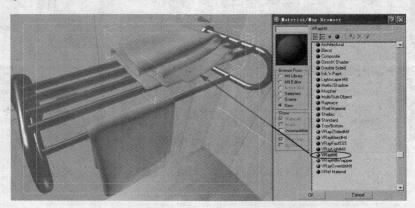

图 5-64　指定 VRayMtl 材质类型

（2）在"Diffuse（漫反射）"贴图通道内指定"Bitmap（位图）"贴图类型，并选择光盘中"第 5 章 VRay 1.5 材质解决方案"→"贴图"→"towel03b_diff.jpg"贴图文件。在"Maps（贴图）"卷展栏中将"Diffuse（漫反射）"贴图通道内的贴图拖曳到"Displace（置换）"贴图通道中，并选择"Instance（关联）"方式，调整"Displace（置换）"贴图通道的强度值为 8.0，如图 5-65 所示。

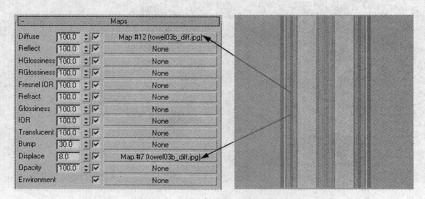

图 5-65　指定漫反射和置换贴图

> 提示：对于"Displace（置换）"贴图通道强度的调整，制作者可以通过测试渲染来进行反复比较，最终确定适合的强度参数值。

（3）场景中另外一块毛巾物体的材质编辑情况，如图 5-66 所示。

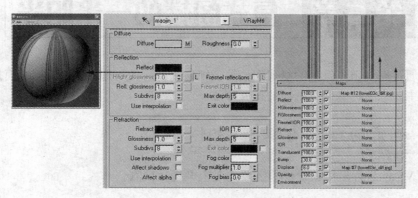

图 5-66　毛巾材质编辑

这样所编辑的毛巾材质在场景中的渲染效果如图 5-67 所示。

图 5-67　毛巾材质渲染效果

5.5　本章小结

本章主要讲解了 VRay 材质的解决方案，以及常用 VRay 材质和 VRay 贴图的使用，并通过餐具、香水和毛巾材质的模拟，使读者通过学习为下一步制作精美的效果图打下良好的基础。

第6章 复式阁楼的一米阳光

本章将通过充满阳光气息的复式阁楼的表现，来讲解如何使用 VRaySun 模拟阳光，而在材质方面主要介绍特殊玻璃材质的设置方法。

6.1 视角的确定与模型检测

在使用 VRay 进行渲染前设计师需要先对模型进行检测。

 ### 6.1.1 摄像机创建与位置调整

1. 创建摄像机

打开场景文件，在创建面板中单击"Cameras（摄像机）"按钮，在面板中选择"VRayPhysicalCamera（VRay 物理摄像机）"类型，并在 Top 视图中创建摄像机，然后调整摄像机的位置，如图 6-1 所示。

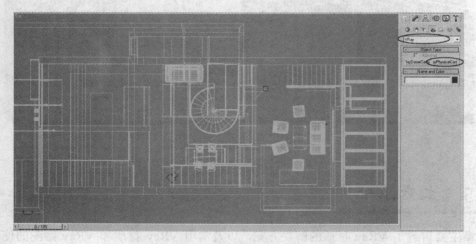

图 6-1 创建物理摄像机

> 提示："VRayPhysicalCamera（VRay 物理摄像机）"同 3ds max 本身的摄像机相比，它能够更加真实地模拟摄像机的成像，包括景深和散景等镜头效果，而且能更轻松地调节透视关系。

2. 摄像机位置调整

切换到 Front 视图，并调整摄像机的高度，使摄像机的取景范围锁定在二楼的房间，如

图 6-2 所示。

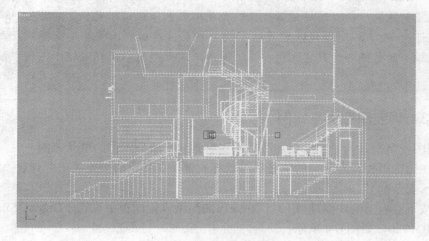

图 6-2　调整摄像机高度

6.1.2　物理摄像机属性调节

在编辑修改面板中，选择"Still cam（静态摄像机）"类型，调整"film gate（mm）（片门大小）"参数值为 35.0，"focal length（mm）（焦距）"参数值为 28.0，"f-number（光圈系数）"参数值为 8.0，"white balance（白平衡）"选项颜色值为（R=255,G=216,B=252），"film speed（ISO）（底片感光速度）"参数值为 350.0，如图 6-3 所示。

图 6-3　调整摄像机属性

> 提示："f-number（光圈系数）"参数值可以对渲染图像的最终亮度产生影响，参数值增大可导致图像亮度降低，反之亦然。

当心："white balance（白平衡）"选项可以用来控制图像的色偏，由于本场景模拟的是白天的日光照射效果，所以通过施加桃色的白平衡颜色来纠正阳光颜色。"film speed（ISO）（底片感光速度）"可以对图像明暗产生影响，参数值增加则图像亮度提高，反之亦然。由于本场景要模拟的是强烈的日光照射效果，而用来采光的窗口又相对较小，所以设置了较大的参数值。

6.1.3　调整图像宽高比例

显示视图安全框是为了能够更加准确地观察到最终渲染图像的取景范围。

（1）在摄像机视图左上角的位置单击鼠标右键，在弹出的快捷菜单中开启"Show Safe Frame（显示安全框）"。

（2）按下键盘上的快捷键<F10>，在弹出的渲染设置面板中设置"Output Size（输出尺寸）"为480×720，如图6-4所示。

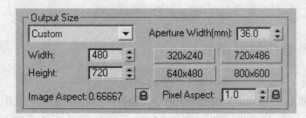

图6-4　设置输出尺寸

提示：当前对输出尺寸进行的设置主要目的是对输出图像的宽高比例进行设置，在测试渲染或最终渲染时可以在相同比例下对图像进行增大或缩小。

（3）最终场景的视角如图6-5所示。

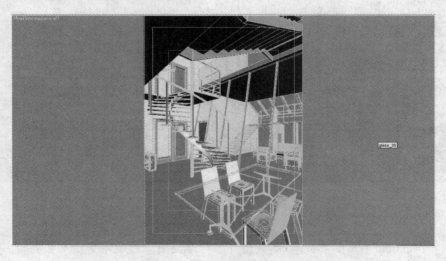

图6-5　最终场景视角

6.1.4　模型合理性测试

模型合理性测试的方法步骤如下：

（1）在渲染设置面板的"Assign Renderer（指定渲染器）"卷展栏下指定 VRay 渲染器类型。

（2）在"VRay::Global switches（全局开关）"卷展栏中，激活"Override mtl（全局材质）"选项，设置通用材质样本的颜色值为（R=128,G=128,B=128），同时取消"Default lights（默认灯光）"选项，如图 6-6 所示。

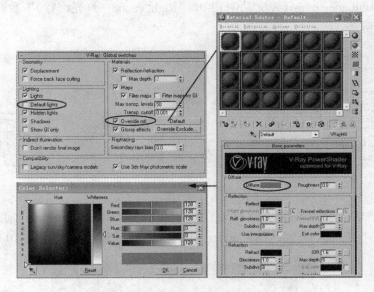

图 6-6　全局开关设置

（3）将"VRay::Image sampler（Antialiasing）（图像抗锯齿）"卷展栏中的"Type（类型）"设置为 Fixed 方式，并关闭"Antialiasing filter（抗锯齿过滤）"选项，如图 6-7 所示。

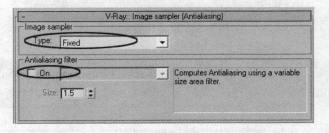

图 6-7　降低图像采样和抗锯齿精度

（4）在"VRay::Indirect illumination（GI）（间接照明）"卷展栏中将"On（开关）"选项开启，将"Primary bounces（初次反弹）"的渲染引擎维持默认的"Irradiance map（发光贴图）"方式，将"Secondary bounces（二次反弹）"的渲染引擎设置为"Light cache（灯光缓存）"方式，如图 6-8 所示。

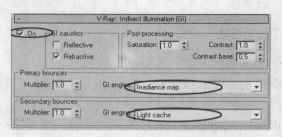

图 6-8　设置渲染引擎

（5）将"Irradiance map（发光贴图）"和"Light cache（灯光缓存）"卷展栏的具体参数设置为如图 6-9 所示。

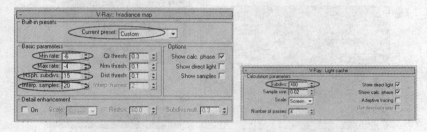

图 6-9　Irradiance map 和 Light cache 的参数设置

（6）激活"VRay::Environment（环境）"卷展栏中的"GI Environment（skylight）override（全局照明天光）"选项，并设置"Multiplier（倍增）"参数值为 3.0，如图 6-10 所示。

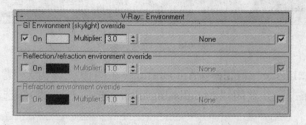

图 6-10　设置环境光照明

> **提示**：由于本场景的采光区域比较小，所以在"VRay::Color mapping（颜色贴图）"卷展栏中将"Dark multiplier（暗部增强）"参数值调整为 3.0，如图 6-11 所示。

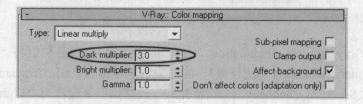

图 6-11　颜色倍增设置

（7）由于本场景的采光完全来自窗口进入的日光，而窗口的玻璃物体被赋予了不透明的全局材质，所以将窗口玻璃暂时隐藏。这样场景的测试渲染设置已经完成，测试渲染效果如图 6-12 所示。

图 6-12　测试渲染效果

6.2　场景主体材质设置

经过测试渲染确定模型没有问题后，可以对模型进行材质制作和赋予。为便于讲解，首先在渲染图像上为主要材质进行编号，如图 6-13 所示。

图 6-13　主要材质编号

6.2.1　地面与墙面材质

本场景中的地面和墙面被赋予了类似的材质，而为了营造出粗砺清冽的环境气氛，所以制作了粗糙而凹凸不平的表面效果。类似装饰材料的真实照片如图 6-14 所示。

图 6-14　墙面真实照片

1．地面材质效果模拟

（1）在 VRaymtl 材质的"Diffuse（漫反射）"通道指定准备好的贴图，并在"Bump（凹凸）"贴图通道内指定贴图，如图 6-15 所示。

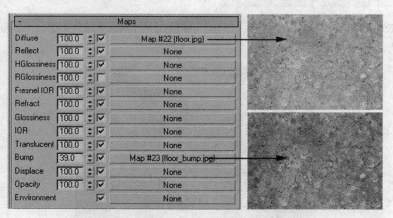

图 6-15　指定 Diffuse 和 Bump 贴图

（2）在编辑修改面板中，为地面和墙面物体指定 UVW Mapping 修改命令，并在视图中调整贴图的重复度，地面物体的贴图适配调整如图 6-16 所示。

2．墙面材质模拟

本场景中墙面的材质效果同地面比较相似。

（1）在"Diffuse（漫反射）"和"Bump（凹凸）"贴图通道指定了相同的贴图，并通过 UVW Mapping 修改命令对贴图的放置情况进行调整，具体参数如图 6-17 所示。

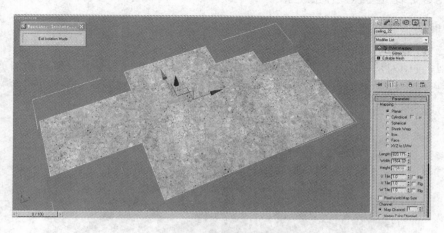

图 6-16 调整贴图适配

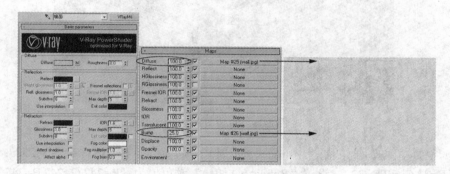

图 6-17 墙面材质参数

（2）最终调整出的地面和墙面材质球以及最终渲染后的效果如图 6-18 所示。

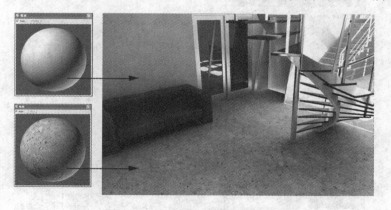

图 6-18 地面和墙面材质渲染效果

6.2.2 玻璃材质模拟

玻璃材质是建筑装饰设计过程中不可缺少的一种材料，而各种玻璃质感的表现主要集中在对玻璃颜色、通透感、反射和折射效果的模拟，而玻璃材质的种类也包括清玻璃、彩色玻璃、磨砂玻璃和裂纹玻璃等。

1．主体清玻璃材质模拟

在本场景中对房间进行隔断的玻璃墙以及窗口玻璃要表现的是晶莹剔透的清玻璃效果。玻璃由于表面比较光滑所以具有较强烈的镜面反射而且透明度较强，另一方面在天光的映射下会带有淡淡的蓝色，清玻璃的真实照片如图 6-19 所示。

图 6-19 清玻璃真实照片

（1）设置主体玻璃材质的"Diffuse（漫反射）"颜色值为（R=218,G=255,B=252）；而反射颜色值为（R=32,G=32,B=32）；设置"Refract（折射）"颜色值为（R=247,G=247,B=247），并设置"IOR（折射率）"参数值为 1.3，如图 6-20 所示。

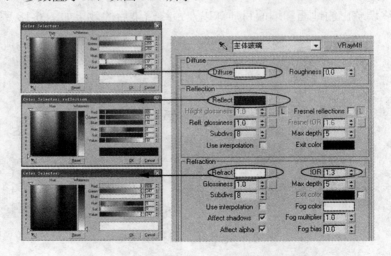

图 6-20 清玻璃材质参数

（2）最终调整出的主体清玻璃材质球和在最终渲染后的效果如图 6-21 所示。

图 6-21　主体玻璃材质渲染图像

2．桌面玻璃材质模拟

桌面的玻璃材质是一种带有淡淡茶绿色的玻璃效果，在具有强烈反射的同时也可以通过 VRaymtl 的"Fog color（雾颜色）"选项来模拟玻璃折射产生的颜色，清玻璃的真实照片如图 6-22 所示。

图 6-22　桌面玻璃真实照片

（1）设置桌面玻璃的"Diffuse（漫反射）"颜色值为（R=219,G=236,B=194）；而反射颜色值为（R=79,G=79,B=79），"Hilight glossiness（高光光泽度）"参数值为 0.72，"Refl. Glossiness（反射模糊）"参数值为 0.99；设置"Refract（折射）"颜色值为（R=238,G=238,B=238），"IOR（折射率）"参数值为 1.4，"Fog color（雾颜色）"颜色值为（R=190,G=183,B=163），"Fog multiplier（雾倍增）"参数值为 0.78，如图 6-23 所示。

（2）最终调整出的桌面有色玻璃材质球和在最终渲染后的效果如图 6-24 所示。

 6.2.3　楼梯材质模拟

本场景中的楼梯由三种材料构成，分别是作为楼梯主体结构的白色亮漆材质、作为楼梯踏板的黑色木纹材质和作为扶手的铬合金材质。

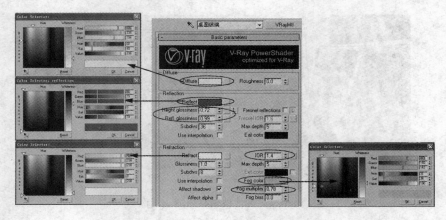

图 6-23　桌面玻璃材质参数

图 6-24　桌面玻璃材质渲染图像

1. 楼梯主体白色亮漆材质

设置 VRaymtl 材质的 "Diffuse（漫反射）" 颜色值为（R=243,G=243,B=243）；设置 "Reflect（反射）" 颜色值为（R=20,G=20,B=20），"Hilight glossiness（高光光泽度）" 参数值为 0.82，"Refl. Glossiness（反射模糊）" 参数值为 0.9，具体参数设置和材质球效果如图 6-25 所示。

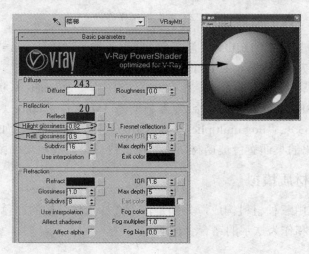

图 6-25　楼梯主体材质参数和材质球效果

2. 踏板黑色木纹材质模拟

作为楼梯踏板的黑色木纹材质表现的是一种表面相对比较光滑且反射很细腻的木板效果。

在"Diffuse（漫反射）"贴图通道中指定准备好的木纹贴图，在"Bump（凹凸）"贴图通道中指定与"Diffuse（漫反射）"贴图通道中相同的木纹贴图，并设置"Bump（凹凸）"强度值为 5.0；设置"Reflect（反射）"颜色值为（R=30,G=30,B=30），"Hilight glossiness（高光光泽度）"参数值为 0.75，"Refl. Glossiness（反射模糊）"参数值为 0.9，具体参数设置和材质球效果如图 6-26 所示。

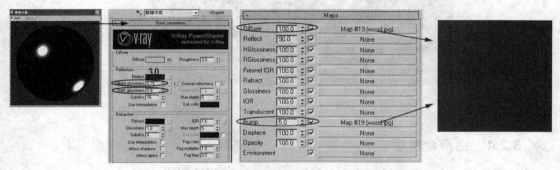

图 6-26 黑色木纹材质球和参数

3. 扶手铬合金材质模拟

作为楼梯扶手的铬合金材质是一种比较常见的材质，这种材质具有表面光滑、镜面反射强烈及高光汇聚强烈等特点。

（1）为了通过较大的材质明暗反差来突出强烈的光泽度，所以设置"Diffuse（漫反射）"颜色值为（R=35,G=35,B=35）；设置"Reflect（反射）"颜色值为（R=208,G=208,B=208），"Hilight glossiness（高光光泽度）"参数值为 0.77，"Refl. glossiness（反射模糊）"参数值为 0.97，具体参数设置和材质球效果如图 6-27 所示。

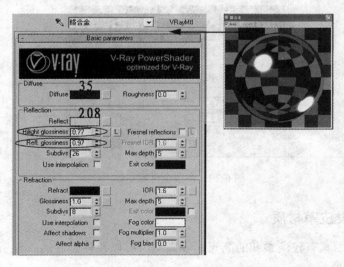

图 6-27 铬合金材参数和材质球效果

（2）调整出的楼梯材质经过最终渲染后的效果如图 6-28 所示。

图 6-28　楼梯材质渲染图像

 ### 6.2.4　铝合金材质

　　本场景中的门窗边框以及沙发等家具的支架部分使用了铝合金材质，它的表面具有较强的模糊反射，且高光面积也比较扩散，表面颜色在较远的位置观察则呈现出统一的浅灰色，划痕等细节则并不明显。

　　设置材质的"Diffuse（漫反射）"颜色值为（R=181,G=181,B=181）；设置"Reflect（反射）"颜色值为（R=151,G=151,B=151），"Hilight glossiness（高光光泽度）"参数值为 0.59，"Refl. glossiness（反射模糊）"参数值为 0.8，具体参数设置如图 6-29 所示。

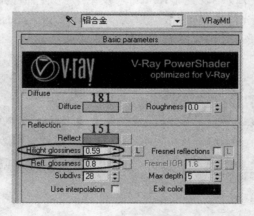

图 6-29　铝合金材质参数

 ### 6.2.5　沙发皮革材质

　　皮革材质的表面具有较淡柔和的高光、轻微的反射以及标志性的纹理质感，皮革材质的真实照片如图 6-30 所示。

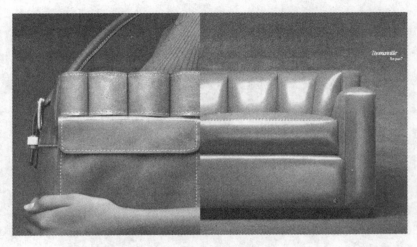

图 6-30　皮革真实照片

（1）由于本场景中沙发距离视角比较远，所以皮革的图案很难观察清楚，在这里只设置"Diffuse（漫反射）"颜色值为（R=29,G=30,B=33）；设置"Reflect（反射）"颜色值为（R=159,G=159,B=159），"Hilight glossiness（高光光泽度）"参数值为 0.55，"Refl. glossiness（反射模糊）"参数值为 0.8，激活"Fresnel reflections（菲涅尔反射）"选项；在"Bump（凹凸）"贴图通道中指定准备好的皮革贴图，并设置强度值为 80，具体参数设置如图 6-31 所示。

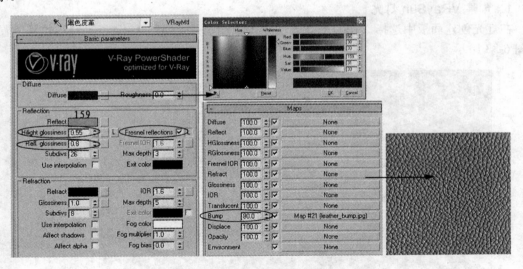

图 6-31　皮革材质参数

提示：在"Fresnel reflections（菲涅尔反射）"选项开启后，意味着当角度在光线和表面法线之间角度值接近 0 度时，反射将衰减（当光线几乎平行于表面时，反射可见性最大。当光线垂直于表面时几乎没有反射。

（2）调整出的皮革材质球和最终渲染后的效果如图 6-32 所示。

图 6-32　皮革材质渲染图像

6.3　照明效果的设定

本场景是一个设计独特的工作空间，由于较多地使用玻璃材质，所以主要通过太阳光的照射来表现场景的通透感。

6.3.1　设置太阳光照射效果

1. 创建 VRaySun 灯光

在灯光创建面板中选择 VRayLight 灯光类型，在场景中创建 VRaySun 并调整其位置，如图 6-33 所示。

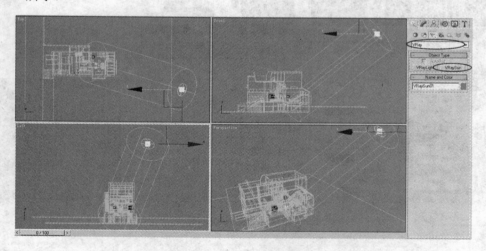

图 6-33　创建 VRaySun 灯光

> 注意：VRaySun 的不同位置可以表现出一天的不同时间，不同的太阳高度角会导致天光颜色的相应变化，可以更加真实地模拟物理世界中真实的阳光和天光的照射效果。

2．修改太阳光照射参数

在 VRaySun 的编辑修改面板中，调整 "Intensity multiplier（强度倍增）" 参数值为 0.04，"Size multiplier（面积倍增）" 参数值为 1.2，"shadow bias（阴影偏移）" 参数值为 0.1cm，如图 6-34 所示。

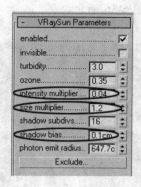

图 6-34　VRaySun 参数调整

提示："Intensity multiplier（强度倍增）" 参数控制太阳光的亮度，当参数值为默认值 1.0 时会使整个场景严重曝光，因此本场景调整为 0.04。"Size multiplier（面积倍增）" 参数控制太阳的大小，对场景的间接影响在于阳光的阴影的柔和度。通常室外环境中的太阳光照阴影强烈锐利，而室内环境中的太阳阴影则具有不同程度的模糊，可以根据具体情况进行调节。"shadow bias（阴影偏移）" 参数控制物体与阴影之间的偏移距离。

3．测试渲染

当太阳光的照射角度和相关参数设置完成后，可以用较低的渲染设置对场景进行测试渲染，观察阳光的照射范围，具体的参数设置如图 6-35 所示。

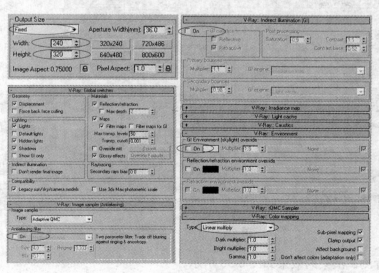

图 6-35　渲染参数设置

3ds max/VRay
超写实效果图表现技法

> 提示：本次渲染测试的目的是考察太阳光的照射位置和照射范围是否达到要求，因此可以关闭"VRay::Indirect illumination（GI）（间接照明）"和"GI Environment（skylight）override（全局光照环境）"选项。

对场景进行测试渲染的效果如图 6-36 所示。

图 6-36　测试渲染效果

在对太阳光的照射角度和参数进行调整后，可以加入间接照明来观察场景的照明效果，为后续的照明设置提供依据，具体的渲染参数设置如图 6-37 所示。

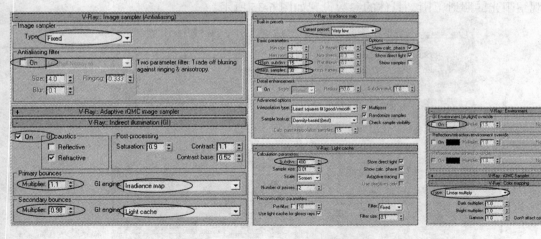

图 6-37　渲染参数设置

对场景进行测试渲染的效果如图 6-38 所示。

图 6-38　测试渲染结果

 6.3.2　设置天光照明效果

在太阳光照设置完成后，可以对场景进行天光照明的添加。

1．VRay 天光的指定与调节

（1）按下键盘上的<F10>键，打开"Environment and Effects（环境和特效）"控制面板，单击"Environment Map（环境贴图）"按钮，在弹出的"Material/Map Browser（材质贴图浏览器）"面板中选择"VRaySky（VRay 天光）"贴图类型，如图 6-39 所示。

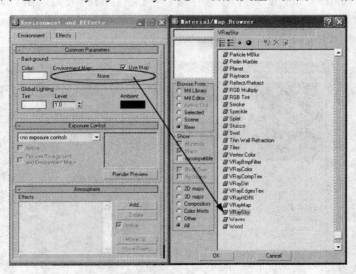

图 6-39　指定 VRaySky 环境贴图

（2）将"Environment Map（环境贴图）"选项中指定的"VRaySky（VRay 天光）"贴

图拖曳到材质编辑器的空置材质样本上，并选择"Instance（关联）"复制类型，如图 6-40 所示。

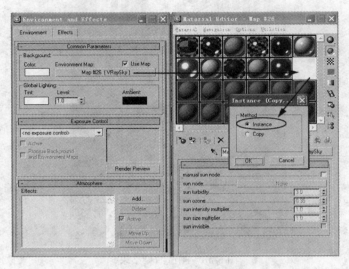

图 6-40　建立材质样本关联

> **提示：** 在对环境贴图及反射环境贴图等进行调节时，经常使用将贴图和材质编辑器中的材质样本建立关联的办法，这样可以在材质编辑窗口中对环境贴图的属性进行进一步的调解。

（3）在"VRaySky（VRay 天光）"贴图控制面板中，勾选"manual sun node（手动阳光节点）"选项，单击"sun node（阳光节点）"选项后面的按钮，并在场景中单击拾取 VRaySun，调整"sun intensity multiplier（太阳光强度）"参数值为 0.15，"sun size multiplier（太阳面积倍增）"参数值为 1.3，如图 6-41 所示。

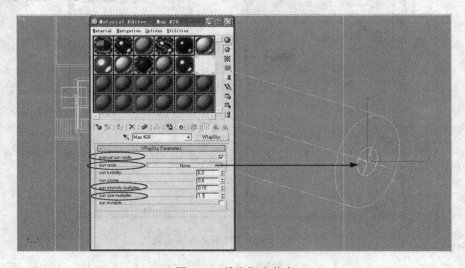

图 6-41　拾取阳光节点

提示：对于"VRaySky（VRay 天光）"贴图而言，当"manual sun node（手动阳光节点）"选项开启时，可以在场景中拾取不同的光源（如本场景中的 VRaysun），并通过拾取光源的参数来改变 VRaySky 的参数。

（4）对场景进行测试渲染，得到的效果如图 6-42 所示。

图 6-42　测试渲染效果

2. 天光色彩调节

对设置了 VRaySky 的场景进行过测试渲染之后，观察到场景的整体光照氛围显得偏暗，色调偏黄，这样可以通过"Output（输出）"贴图类型对 VRaySky 环境贴图进行调节，提高天光的亮度和色彩饱和度，并使天光色彩倾向于清澈的蓝色。

（1）在"VRaySky（VRay 天光）"贴图控制面板中，单击"VRaySky（VRay 天光）"贴图类型按钮，在弹出的"Material/Map Browser（材质贴图浏览器）"面板中选择"Output（输出）"贴图类型，并在弹出的"Replace map（替换贴图）"窗口中选择"Keep old map as sub-map（保持原有贴图为次级贴图）"选项，如图 6-43 所示。

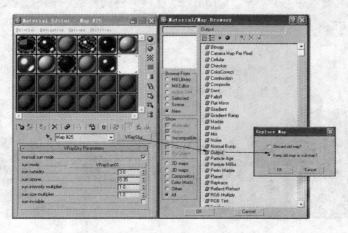

图 6-43　指定 Output 贴图类型

> 提示：通过"Output（输出）"贴图可以更方便地对进一步要进行设置的天光贴图进行颜色、亮度和色彩均衡等属性的调解。

（2）在"Output（输出）"贴图属性面板的"Output（输出）"卷展栏中，调整"Output Amount（输出量）"参数值为 1.7，"RGB Offset（RGB 偏移）"参数值为 0.2，开启"Enable Color Map（启用颜色贴图）"选项并选择 RGB 颜色贴图方式，分别对 RGB 过滤通道的曲线进行调节，具体参数设置如图 6-44 所示。

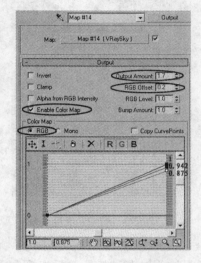

图 6-44　输出贴图参数设置

> 提示："Output Amount（输出量）"参数控制混合为合成材质的贴图数量。 对贴图中的饱和度和 Alpha 值产生影响，当参数值大于 1 时，可以使贴图颜色的饱和度增加，当参数值小于 1 时，贴图与漫反射颜色的混合程度加大；"RGB Offset（RGB 偏移）"参数可以对贴图的色调产生影响，当参数值增大时，可以使贴图向白色转变，反之亦然。在"Color Map（颜色贴图）"面板中可以通过对 RGB 过滤通道的曲线进行调节，来影响贴图的色彩范围，如图 6-45 所示。

图 6-45　输出贴图参数影响效果

> **当心：** 在对 VRaySky 进行调节的过程中，包括对 VRaySky 自身参数的调整以及 Output 输出贴图控制参数的调整，都应该通过反复调整并进行测试渲染来达到满意的天光照射效果。

（3）对场景进行测试渲染，得到的效果如图 6-46 所示。

图 6-46　测试渲染效果

通过对太阳光和天光照明效果的指定，已经基本营造出了场景空间中湛蓝通透的照明效果。

3．细化照明效果

通过对太阳光和天光的模拟，可以在测试渲染图像中感受到太阳光直接照射面积的亮度稍低，对于强烈阳光照射效果的表现稍显不足，同时场景中远离阳光直射的角落较暗，无法表现出应有的细节，下面将通过"GI Environment（skylight）override（全局照明天光）"和"Color mapping（色彩贴图）"控制选项的调节来解决照明亮度不足的问题。

（1）将天光环境贴图以"Instance（关联）"方式复制到渲染设置面板中"GI Environment（skylight）override（全局照明天光）"选项的贴图通道中，并设置"Multiplier（倍增）"参数值为 1.5，如图 6-47 所示。

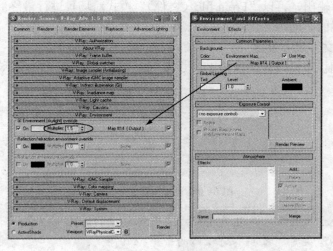

图 6-47　指定全局照明天光贴图

（2）在"VRay::Color mapping（色彩贴图）"卷展栏中，为防止场景中阳光直射区域过度曝光，故指定"Type（类型）"为"Exponential（指数）"方式，调整"Dark multiplier（暗部增强）"参数值为 4.3，"Bright multiplier（亮部增强）"参数值为 3.0，"Gamma（伽马）"参数值为 0.76，如图 6-48 所示。

（3）使用较低的渲染精度对场景进行测试渲染，得到的效果如图 6-49 所示。

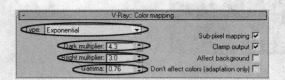

图 6-48　色彩贴图参数调整　　　　　　　　　图 6-49　测试渲染效果

6.4　最终渲染参数设置

在大体效果确定以后，需要提高灯光的渲染参数来完成最后的渲染工作。

6.4.1　输出光子贴图

在对场景进行最终图像的渲染输出时，为了节省渲染时间，可以设置较小的图像尺寸对光子贴图文件进行输出，再以"From file（文件）"模式对场景进行最终渲染，这样可以大幅度减少渲染所消耗的时间。

1. 光子贴图文件尺寸设置

在渲染设置面板中，设置图像输出尺寸为 240×320，如图 6-50 所示。

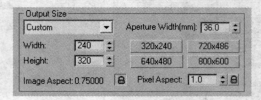

图 6-50　设置图像输出尺寸

提示：通常光子文件贴图尺寸与最终渲染图像尺寸的比例可以保持 1:4 或者 1:3，这样可以在图像质量和渲染时间之间取得较好的平衡。

2. 渲染参数设置

在"VRay::Global switches（全局开关）"卷展栏中，开启"Don't render final image（不渲染最终图像）"选项，将不进行最终图像的输出，这样可以减少计算光子的时间，如图 6-51 所示。

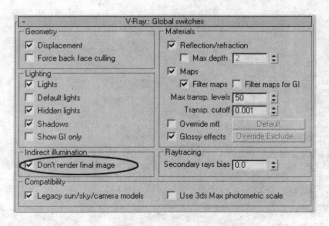

图 6-51　开启 Don't render final image 选项

设置图像采样方式为"Adaptive QMC（自适应准蒙特卡罗）"方式，开启"Antialiasing filter（抗锯齿过滤）"选项并设置为"Mitchell-Netravali（两参数过滤器）"，如图 6-52 所示。

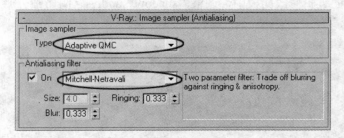

图 6-52　设置图像采样抗锯齿选项

提示： 在"Mitchell-Netravali（两参数过滤器）"方式下，将在圆环、模糊和各向异性抗锯齿之间交替使用，可以取得非常好的过滤效果，但是会消耗比其他过滤器更多的时间，通常可以在输出高质量图像时选择使用。

在"Irradiance map（发光贴图）"卷展栏中设置"Current preset（当前制式）"为 Medium，再设置"HSph.subdivs（半球细分）"参数值为 50，在"Mode（模式）"选项组中选择"Single frame（单帧）"方式，并开启"On render end（在渲染结束时）"选项组中的"Auto save（自动保存）"选项，单击"Browse（浏览）"按钮并设置光子保存路径。

在"Light cache（灯光缓存）"卷展栏中设置"Subdivs（细分）"参数值为 1200，同样在"Single frame（单帧）"方式下设置光子贴图保存路径，如图 6-53 所示。

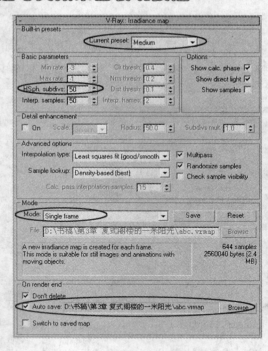
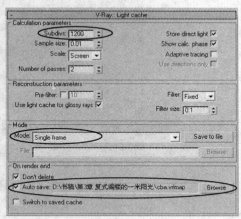

图 6-53　渲染引擎设置

3. 灯光细分参数设置

在 VRaySun 的编辑修改面板中，调整"shadow subdivs（阴影细分）"参数值为 16，如图 6-54 所示。

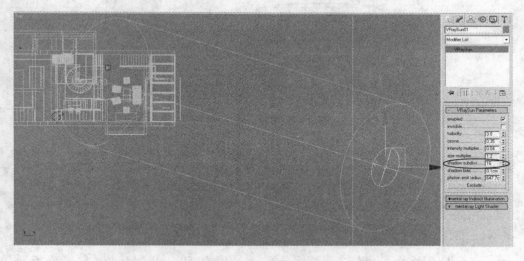

图 6-54　提高太阳光细分参数值

下面对光子文件贴图进行渲染输出，如图 6-55 所示。

6.4.2　最终渲染图像输出

在光子文件输出之后，可以调用光子文件贴图进行最终渲染图像的输出。

图 6-55　光子文件输出

（1）在渲染设置面板中，设置图像输出尺寸为 768×1024，如图 6-56 所示。

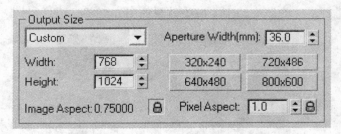

图 6-56　设置图像输出尺寸

（2）在"VRay::Global switches（全局开关）"卷展栏中，关闭"Don't render final image（不渲染最终图像）"选项，如图 6-57 所示。

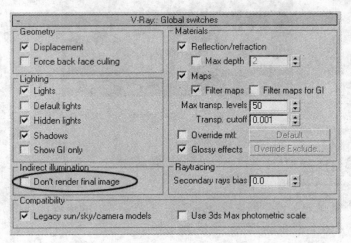

图 6-57　关闭 Don't render final image 选项

（3）分别在"Irradiance map（发光贴图）"卷展栏和"Light cache（灯光缓存）"卷展栏中的"Mode（模式）"选项组中选择"From File（文件）"方式，如图 6-58 所示。

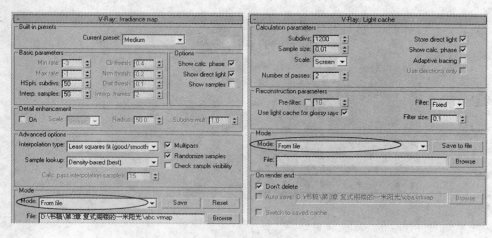

图 6-58　选择 From File 模式

（4）对场景进行最终的渲染输出，渲染效果如图 6-59 所示。

图 6-59　渲染效果

6.5　本章小结

　　本章通过一个复式的阁楼空间来介绍材质、灯光及渲染的流程，让广大读者对做图流程有一个初步的了解和全局性的认识。

第7章　现代客厅篇

　　客厅空间是家庭活动的重要场所，不但是家人休憩的场所，也是会见朋友的场所，因此不但要注意功能的配置还要考虑轻松舒适气氛的营造。

　　本场景模仿了 Evermotion.Archinteriors 的一套著名的客厅表现效果，在现代主义风格的设计中，不但体现出蒙德里安数学公式般精准的色彩构成，而且在设计中融入了多种风格的元素，例如简约主义的沙发和灯饰，繁复抽离的墙面图案，都使得空间个性十足又不失清新。客厅的最终效果如图 7-1 所示。

图 7-1　客厅效果

客厅场景的线框材质渲染效果如图 7-2 所示。

图 7-2　线框材质渲染效果

沙发、地毯、墙饰及餐桌等物品的细节表现如图 7-3 所示。

图 7-3　客厅局部效果表现

7.1　设置摄像机观察角度

设置 VRay 物理摄像机的操作步骤如下：

（1）打开光盘"第 7 章 现代客厅篇"→"Scenes"→"现代客厅_模型.max"本例场景文件，模型部分已经制作完成，场景效果如图 7-4 所示。

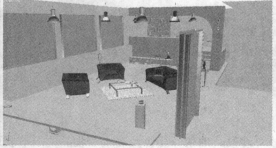

图 7-4　打开场景模型文件

（2）在 Top 视图中创建 VRayPhysicalCamera，并调整摄像机的位置。

（3）切换至 Front 视图，调整摄像机高度，摄像机在场景中放置的位置如图 7-5 所示。

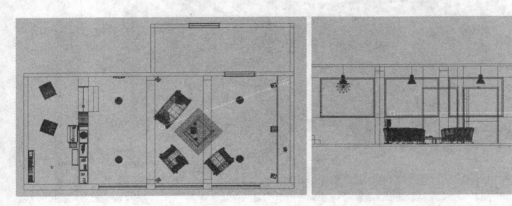

图 7-5　调整 VRay 物理摄像机位置

（4）在 VRayPhysicalCamera 的编辑修改面板中，调整"film gate（mm）（薄膜口）"参数值为 40.0，调整"focal length（mm）（焦长）"参数为 35.0，调整"f-number（光圈大小）"参数为 4.0，调整"film speed（ISO）（胶片感光系数）"参数值为 200，如图 7-6 所示。

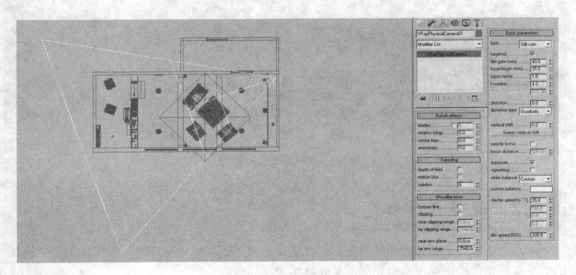

图 7-6　调整摄像机参数

提示："film gate（mm）（薄膜口）"参数控制摄像机的取景范围，"focal length（mm）（焦长）"参数控制摄像机的焦长，"f-number（光圈大小）"参数控制摄像机光圈的大小进而影响图像最终亮度，而"film speed（ISO）（胶片感光系数）"参数影响图像的亮度。

（5）当前摄像机设置下所观察到的场景效果如图 7-7 所示。

（6）在场景中也可以根据各自喜好来设置更多的摄像机观察角度，如图 7-8 所示。

图 7-7 摄像机视图观察效果

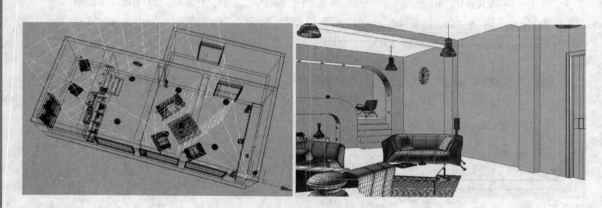

图 7-8 设置摄像机观察角度

7.2 设置客厅灯光

本场景所表现的是接近正午时分的客厅效果，室内光线充足而明亮，配合室内局部设计的造型灯光则营造出弥漫着阳光味道又兼具层次感的情境。

7.2.1 设置太阳光和天光

设置太阳光和天光的步骤如下：

（1）在灯光创建面板中选择"VRaySun（VRay 太阳光）"光源类型，在 Top 视图中拖动进行创建，并在 Front 视图中调整光源高度，使太阳光线从客厅窗口倾斜射入，如图 7-9 所示。

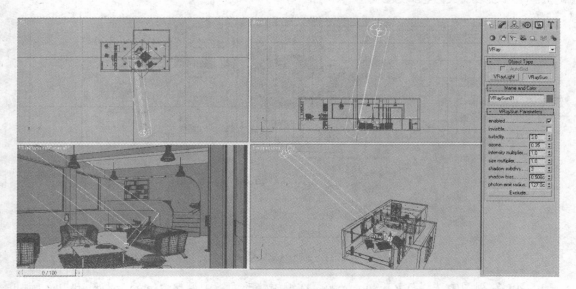

图 7-9 创建 VRaySun 光源类型

注意：在视图中创建 VRaySun 光源时，会自动弹出"VRay Sun（V-Ray 太阳光）"窗口，单击 是(Y) 按钮，则可以同时创建出同太阳光相关联的环境背景天光，如图 7-10 所示。

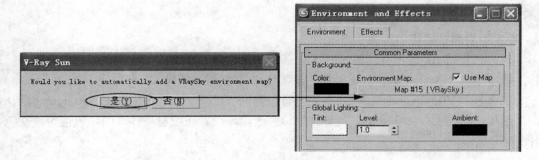

图 7-10 创建 V-RaySky 环境背景天光

（2）按下<M>键打开"Material Editor（材质编辑器）"窗口，并按下键盘上的<8>键打开"Environment and Effects（环境和特效）"窗口，将"Environment Map（环境贴图）"选项栏中的 VRaySky 贴图拖动到材质编辑器中的空置材质样本上，并选择"Instance（关联）"方式，这样可以在材质编辑器窗口中调整 VRaySky 的具体参数。

（3）在材质编辑器的 VRaySky 编辑面板中，开启"manual sun node（手动太阳节点）"选项，单击"sun node（太阳光节点）"选项右侧的按钮，并在视图中单击 VRaySun 光源图标，使 VRaySky 和 VRaySun 之间建立关联，如图 7-11 所示。

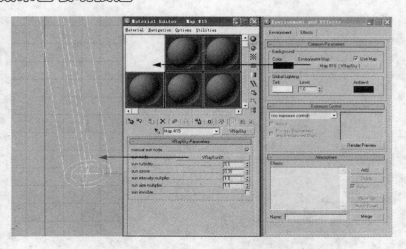

图 7-11　调整 VRaySky 属性

　　（4）在视图中选择 VRaySun 光源。在编辑修改面板中调整"Intensity multiplier（强度倍增）"参数值为 0.2。

> **注意**：场景中 VRaySun 和 VRaySky 的照射强度需要通过测试渲染反复比较来得到最终比较满意的结果，但是可以明确的就是默认情况下 VRaySun 的"Intensity multiplier（强度倍增）"参数值为 1.0，对于大多数场景都会产生曝光的效果，故可以先将此参数调小。

7.2.2　照明测试渲染设置

　　设置照明测试渲染的步骤如下：

　　（1）按下<F10>键打开"Render Scene（渲染场景）"设置窗口，首先在"Common（通用）"标签下的"Assign Renderer（指定渲染器）"卷展栏下指定 VRay 渲染器类型。

　　（2）在"VRay::Global switches（全局开关）"卷展栏中，关闭"Default light（默认灯光）"选项，激活"Override mtl（全局材质）"选项，设置通用材质样本的颜色值为浅灰色，如图 7-12 所示。

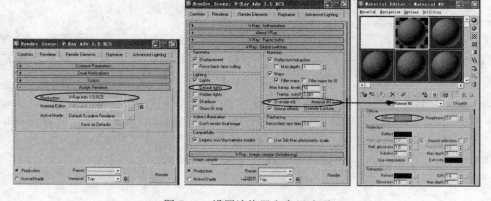

图 7-12　设置渲染器和全局选项

注意：在指定全局材质时，场景中窗口的透明玻璃物体也会被指定不透明的测试材质，这样可能会使太阳光和环境天光的测试产生不正确的结果，因此可以将窗口玻璃物体隐藏。

（3）将"VRay::Image sampler（Antialiasing）（图像抗锯齿）"卷展栏中的"Type（类型）"设置为 Fixed 方式，并关闭"Antialiasing filter（抗锯齿过滤）"选项，如图 7-13 所示。

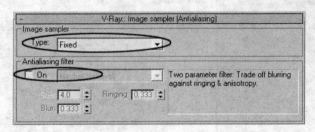

图 7-13　调整图像采样和抗锯齿精度

（4）在"VRay::Indirect illumination（GI）（间接照明）"卷展栏中将开关选项开启，将"Primary bounces（初次反弹）"的渲染引擎维持默认的"Irradiance map（发光贴图）"方式，将"Secondary bounces（二次反弹）"的渲染引擎设置为"Light cache（灯光缓存）"，如图 7-14 所示。

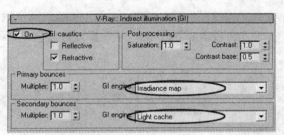

图 7-14　设置渲染引擎

（5）将"Irradiance map（发光贴图）"和"Light cache（灯光缓存）"卷展栏中的具体参数设置为如图 7-15 所示。

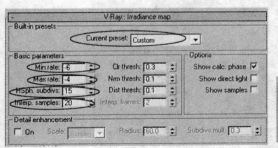

图 7-15　Irradiance map 和 Light cache 的参数设置

（6）激活"VRay::Environment（环境）"卷展栏中的"GI Environment（skylight）

override（全局照明天光）"选项，并将材质编辑器中的 VRaySky 材质样本以"Instance（关联）"方式复制到照明天光选项右侧的贴图通道栏中，如图 7-16 所示。

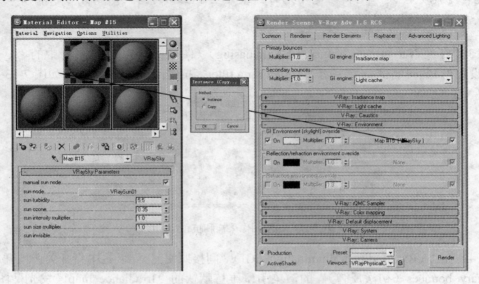

图 7-16 设置 VRaySky 全局照明天光

（7）在"Common（通用）"标签下的"Common Parameters（通用参数）"卷展栏中设置"Output Size（输出尺寸）"参数为 320×200,在这里根据在摄像机视角中要表现的场景内容将渲染尺寸的宽度数值设置得较大，用户也可以根据硬件配置的不同来选择更大的渲染图像尺寸。

> 提示：在设置图像输出尺寸时，用户可以在摄像机视图的左上角单击鼠标右键，在弹出的标记菜单中开启"Show Safe Frame（显示安全框）"选项，这样可以更加直观地在视图中观察到图像输出比例的调整结果。

（8）按下<F9>键对摄像机视图中的场景光照效果进行测试渲染，渲染效果如图 7-17 所示。

图 7-17 太阳光和天光测试渲染效果

（9）经过测试渲染后观察到场景在窗口位置曝光明显，但是在室内照明效果较暗，在"VRay::Color mapping（颜色贴图）"卷展栏中将"Type（类型）"调整为"Exponential（指数）"方式并进行测试渲染，渲染效果如图 7-18 所示。

图 7-18　Exponential 方式下渲染效果

说明： "Linear multiply（线性倍增）"类型是系统默认的曝光模式，容易在靠近光源的区域出现曝光现象，而"Exponential（指数）"类型下可以有效去除靠近光源的区域所出现的曝光现象，同时也会使场景的饱和度有所降低。

（10）将"Type（类型）"调整为 "Reinhard（混合曝光）"方式并进行测试渲染，渲染效果如图 7-19 所示。

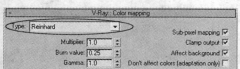

图 7-19　Reinhard 方式下渲染效果

说明： "Reinhard（混合曝光）"类型相当于将"Linear multiply（线性倍增）"和"Exponential（指数）"两种曝光方式结合起来。这样在本场景中既能够在窗口位置体现出强烈的光照效果，并使室内光线效果比较充足，又不至于使图像饱和度过低。

（11）用户也可以尝试在 VRaySun 编辑修改面板中关闭"enabled（启用）"选项，这样在场景中将不会表现出太阳光直射效果，但是又可以通过 VRaySun 来间接影响 VRaySky 对场景进行照明，渲染效果如图 7-20 所示。

图 7-20　天光照明效果测试

技巧：在对场景进行光照效果渲染测试的相关参数和选项进行设置后，可以在"System（系统）"卷展栏中单击"Presets（模版）"按钮，在弹出的"VRay Presets（VRay 模版）"窗口中将当前设置存储为模版，并在不同场景文件中进行调用。

7.2.3　局部光照设置

局部光照设置的步骤如下：

（1）在本场景的天花上有两个射灯，分别对绘有花纹的墙体和墙体上放置的钟表进行照射，在这里用"Target Spot（聚光灯）"灯光类型进行模拟，如图 7-21 所示。

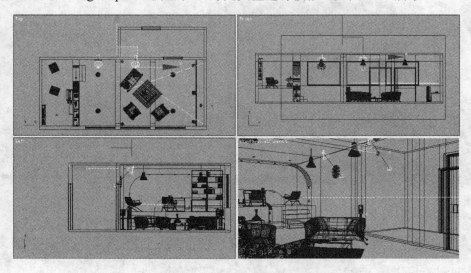

图 7-21　射灯位置和照射角度

提示：在创建聚光灯时，可以先创建出其中一盏并调整位置和照射角度，然后以"Instance（关联）"复制另外一盏。

（2）选择其中一盏聚光灯，在其编辑修改面板中调整"Shadows（阴影）"类型为 VRayShadow，调整"Multiplier（倍增）"参数值为 9.0，并设置灯光颜色的 RGB 值为（R=255,G=216,B=249），设置"Decay（衰减）"选项栏中的"Type（类型）"为"Inverse（反向）"，并调整"Start（开始）"参数值为 120.0c，在"Spotlight Parameters（聚光灯参数）"卷展栏中调整"Hotspot/Beam（聚光区）"参数值为 55.0，并调整"Falloff/Field（衰减区）"参数值为 80.0，如图 7-22 所示。

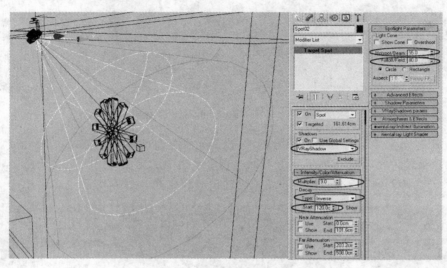

图 7-22　聚光灯参数设置

提示："Decay（衰减）"选项栏中的"Inverse（反向）"衰减类型指对灯光的照明强度应用反向衰退。亮度公式为 R_0/R，其中 R_0 为灯光的径向源（如果不使用衰减），为灯光的"近距结束"值（如果不使用衰减）。 R 为与 R_0 照明曲面的径向距离。

（3）对聚光灯所模拟的射灯效果进行测试渲染，如图 7-23 所示。

图 7-23　聚光灯照明效果测试

（4）在场景中的四盏落地灯模型中心位置创建 VRayLight，并设置其类型为"Sphere（球形）"，这样可以使其透过落地灯的半透明材质进行模糊照明，具体的灯光位置和参数设置如图 7-24 所示。

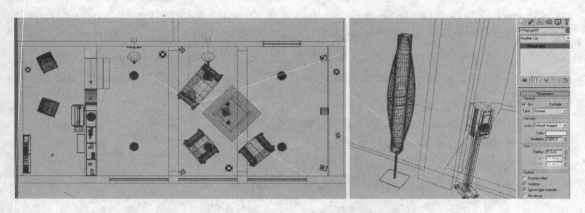

图 7-24　球形 VRayLight 位置和参数

（5）在矮书架上方随墙体结构创建并放置光度学灯光中的"Target Point（目标点光源）"灯光，类型为光域网，并在 Web File 中指定光盘中所提供的"第 7 章　现代客厅篇"→"Scenes"→"009.ies"文件，具体的灯光位置和参数设置如图 7-25 所示。

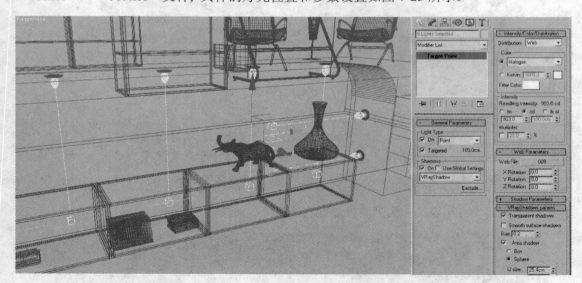

图 7-25　Target Point 位置和参数

（6）对 Target Point 的照明效果进行测试渲染，如图 7-26 所示。

（7）在楼梯上方墙体造型和平台上方的射灯灯孔位置创建并放置光度学灯光中的"Target Point（目标点光源）"灯光，类型为光域网，并同样在 Web File 中指定光盘中所提供的"第 7 章　现代客厅篇"→"Scenes"→"009.ies"文件，具体的灯光位置和参数设置如图 7-27 所示。

图 7-26　Target Point 照明效果测试

图 7-27　Target Point 位置和参数

（8）对场景当前的照明效果进行测试渲染，如图 7-28 所示。

图 7-28　场景照明效果测试

7.3　设置客厅空间材质效果

为了方便材质部分的讲解，在这里对主要材质进行了编号，下面对进行编号的材质进行讲解，如图 7-29 所示。

图 7-29　场景材质编号

7.3.1　设置窗外背景

设置窗外背景的具体操作步骤如下：

（1）在 Front 视图中创建 Plane 物体，并增大其"Width Segs（宽度段数）"参数值，在场景中调整其放置位置，如图 7-30 所示。

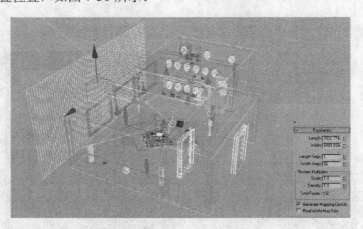

图 7-30　创建 Plane 物体

（2）对 Plane 物体加入"Bend（弯曲）"编辑修改命令，使其产生弧形的转折形状，如图 7-31 所示。

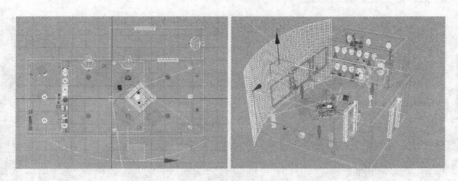

图 7-31 弯曲曲面形状

（3）按下<M>键打开"Material Editor（材质编辑器）"窗口，将空置材质样本指定给平面物体，并设置材质类型为 VRayLightMtl，在"Color（颜色）"选项右侧的贴图选项中指定 background 图像，如图 7-32 所示。

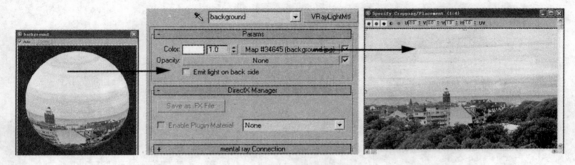

图 7-32 VRayLightMtl 材质效果

（4）在场景中选择 Plane 物体并为其指定 UVW Mapping 修改器，并指定"Plane（平面）"方式，如图 7-33 所示。

图 7-33 指定 UVW Mapping 修改器

（5）将场景中其他物体指定用灰色 VRayMtl 材质进行测试，在 VRayLightMtl 材质编辑面板中调整"Color（颜色）"选项右侧的强度倍增参数并进行测试渲染，如图 7-34 所示。

图 7-34　VRayLightMtl 材质亮度倍增参数测试

（6）将亮度倍增参数调整为 20.0，并对场景进行测试渲染，如图 7-35 所示。

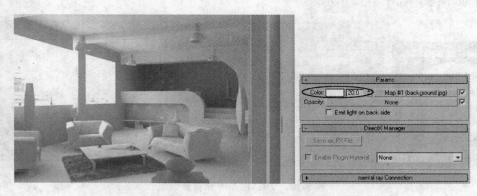

图 7-35　亮度倍增参数为 20.0 时的渲染效果

7.3.2　设置地面材质

地面材质由表面带有些许凸凹的光滑大理石材质组成，而根据其凸凹在反射方面体现出大理石丰富的细节变化。

设置地面材质的操作步骤如下：

（1）按下<M>键打开"Material Editor（材质编辑器）"窗口，将空置材质样本指定给平面物体，并设置材质类型为 VRayMtl。

（2）设置"Diffuse（漫反射）"颜色的 RGB 值为（160，160，160），在"Reflect（反射）"贴图通道内指定"Nosie（噪波）"贴图纹理类型，并在其贴图纹理调节面板中设置"Tilling（重复度）"为（1.0,2.0,1.0），在"Noise Parameters（噪波参数）"卷展栏中分别设置 Color1 和 Color2 的颜色 RGB 值为（0，0，0）和（70，70，70），返回 VRayMtl 参数控制面板，将"Reflect（反射）"贴图通道内的"Nosie（噪波）"贴图纹理类型以"Instance（关联）"方式复制到"Hilight glossiness（高光光泽度）"贴图通道中，并调整"Refl.glossiness（反射模糊）"参数值为 0.92，如图 7-36 所示。

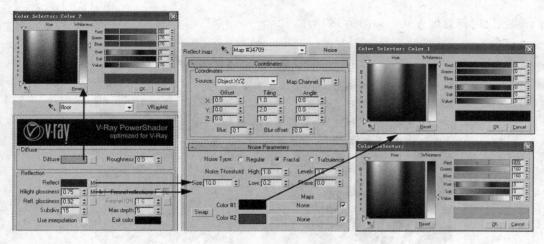

图7-36　地板材质编辑

> **注意**：在设置白色物体材质的"Diffuse（漫反射）"颜色时，一般不要设置为完全的白色，这会使物体表面产生完全的光线反射而导致物体在光照下产生曝光效果，根据需要可以将其设置为不同程度的浅灰色。

（3）在"Bump（凹凸）"贴图通道内指定"Noise（噪波）"贴图纹理类型，并在其贴图纹理调节面板中设置"Tilling（重复度）"为（1.0,2.0,1.0），在"Noise Parameters（噪波参数）"卷展栏中分别设置 Color1 和 Color2 的颜色 RGB 值为（0，0，0）和（255，255，255），并设置"Bump（凹凸）"贴图通道强度为 5.0。

（4）在场景中选择地面物体并为其指定"UVW Mapping"修改器，并指定"Plane（平面）"方式，如图7-37所示。

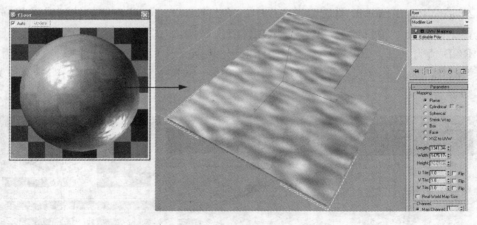

图7-37　指定 UVW Mapping 修改器

 ### 7.3.3　设置墙面和天花板材质

客厅的墙面是由绘制装饰花纹的乳胶漆材质组成，其中墙体的立面和天花部分的表面采用了颜色反向的处理方式，如图 7-38 所示。

图 7-38　墙面和天花板材质效果

1. 立面墙体材质编辑

（1）按下键盘上的<M>键打开"Material Editor（材质编辑器）"窗口，将空置材质样本指定给立面墙体，并设置材质类型为 VRayBlendMtl。

> 提示：在本例中制作墙体和天花部分的装饰花纹材质时，并不仅仅是在单一的材质漫反射通道中指定贴图，还需要借助 VRayBlendMtl 材质类型在花纹的黑色和白色区域内编辑出具有不同物理属性的材质表现，在这里主要是对材质颜色和反射效果的单独编辑。VRayBlendMtl 混合材质可以将多个材质以层叠加的方式来模拟物体表面比较复杂的材质或纹理效果。

（2）在 VRayBlendMtl 材质编辑面板中，单击 Base material 右侧的按钮进入其编辑面板中，设置"Diffuse（漫反射）"颜色的 RGB 值为（10，10，10），设置"Reflect（反射）"颜色的 RGB 值为（20，20，20），调整"Hilight glossiness（高光光泽度）"参数值为 0.55，并调整"Refl.glossiness（反射模糊）"参数值为 0.8，调整"Subdivs（细分）"参数值为 12，如图 7-39 所示。

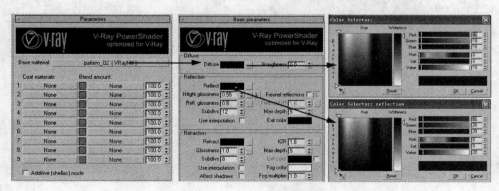

图 7-39　Base material 材质编辑

（3）返回 VRayBlendMtl 材质编辑面板中，单击 Coat material 1 右侧的按钮进入其编辑面板中，设置"Diffuse（漫反射）"颜色的 RGB 值为（253，253，253），设置"Reflect（反射）"颜色的 RGB 值为（0，0，0），如图 7-40 所示。

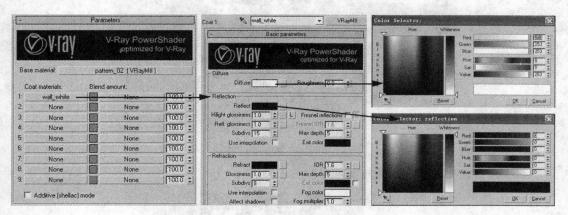

图 7-40　Coat material 1 材质编辑

> 提示：在 VRayBlendMtl 混合材质中，"Base material（基础材质）"可以被理解为最基层的材质，在其下方的"Coat materials（表面材质）"通过一定的混合程度对其进行覆盖。

（4）返回 VRayBlendMtl 材质编辑面板中，单击 Blend amount 右侧的贴图按钮，为其指定"Bitmap（位图）"类型，并选择 pattern_01.jpg 图像，如图 7-41 所示。

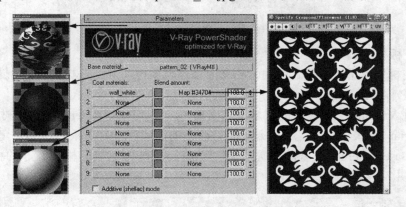

图 7-41　指定 Blend amount 贴图

> 提示："Blend amount（混合量）"选项内所指定的贴图或设置的参数值可以决定"Coat material（表面材质）"覆盖"Base material（基础材质）"的程度，在本例中贴图中黑色部分对应　"Base material（基础材质）"，而白色部分对应"Coat material（表面材质）"。

（5）在场景中选择地面物体并为其指定 UVW Mapping 修改器，并指定"Plane（平面）"方式，如图 7-42 所示。

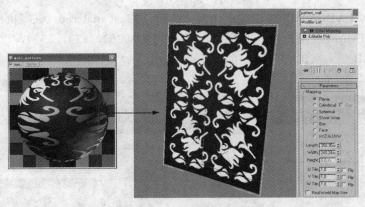

图 7-42　指定 UVW Mapping 修改器

（6）最终渲染的立面墙体材质效果如图 7-43 所示。

图 7-43　立面墙体材质效果

2．天花板材质编辑

（1）在材质编辑器中将之前编辑的立面墙体材质拖动到空白材质样本上进行复制，改变材质样本名称为 ceiling_pattern，并将其赋予给天花板物体。

（2）进入 ceiling_pattern 的材质编辑面板中，将"Base material（基础材质）"拖动到"Coat material 1（表面材质1）"按钮上，在弹出的选项窗口中选择"Swap（交换）"方式，这样就将"Base material 1（基础材质）"和"Coat material 1（表面材质1）"的材质设定进行了交换，如图 7-44 所示。

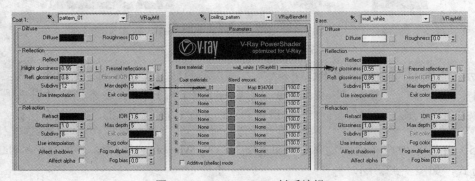

图 7-44　ceiling_pattern 材质编辑

提示： 经过材质调换后，贴图中黑色部分对应"Coat material（表面材质）"，而白色部分对应"Base material（基础材质）"。

（3）在场景中选择地面物体并为其指定 UVW Mapping 修改器，并指定"Plane（平面）"方式，如图 7-45 所示。

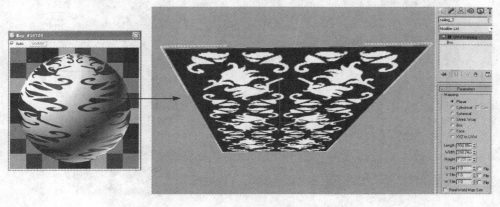

图 7-45　指定 UVW Mapping 修改器

当心： 经过材质调换后，在视图中物体上所显示出的仍然是原始贴图效果，可以通过测试渲染来观察物体上更换材质后的效果。

（4）最终渲染的天花板材质效果如图 7-46 所示。

图 7-46　天花板材质效果

 7.3.4　设置地毯材质效果

在 VRay 中提供了 VRayFur 毛发系统，通过具体参数编辑则可以对毛发的长度、粗细、数量以及重力情况等进行设置，并用来表现纺织品表面的绒毛、动物毛发和草地以及地毯等效果。

（1）选择 carpet 物体，在物体创建面板中单击 VRay 类型下的 VRayFur 物体类型按钮 `VRayFur`，这样可以以 carpet 为基本物体来创建 VRay 毛发系统，如图 7-47 所示。

图 7-47　创建 VRayFur 物体

（2）进入编辑修改面板中，根据要表现的地毯表面的毛发效果对参数进行调整，具体的参数设置如图 7-48 所示。

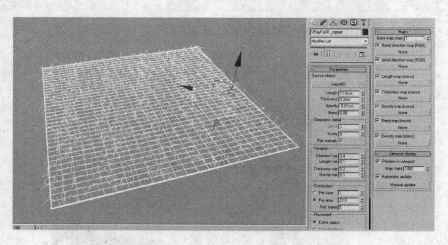

图 7-48　调整后的 VRayFur 物体参数

提示："Length（长度）"参数用于控制毛发的长度，参数值越大则毛发越长；"Thickness（厚度）"参数控制毛发的粗细程度；"Gravity（重力）"参数控制重力对毛发的影响程度，取值为 0 时则不受重力影响，为负值时重力影响向下，而取值为正时重力影响向上；"Bend（弯曲）"参数控制毛发的弯曲程度。

　　提示："Variation（变化）"参数栏主要控制毛发的随机状态，"Direction var（方向变化）"参数控制毛发在方向上的随机变化；"Length var（长度变化）"参数控制毛发在长度上的随机变化；"Thickness var（粗细变化）"参数控制毛发粗细的随机变化。

　　提示："Distribution（分布）"参数栏中的"Per area（面积分布方式）"参数控制单位面积内的毛发数量，增加数值可以均匀地增加毛发的数量。

　　（3）在场景中同时选中 carpet 物体和以其为原物体所产生的 VRayFur 物体，将材质编辑器中的空置材质样本进行赋予。

　　（4）设置材质类型为 VRayMtl，并在"Diffuse（漫反射）"贴图通道栏中指定"Falloff（衰减）"贴图类型，在"Falloff（衰减）"贴图控制面板中分别设置衰减颜色 RGB 值为（R=70,G=70,B=70）和（R=110,G=110,B=110），如图 7-49 所示。

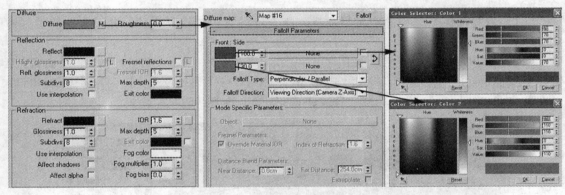

图 7-49　调整 Falloff 漫反射贴图

　　（5）在"Bump（凹凸）"贴图通道栏中指定"Bitmap（位图）"类型，并选择准备好的carpet_bump.jpg 图像文件，调整"Bump（凹凸）"贴图通道的强度倍增参数值为 50.0，如图7-50 所示。

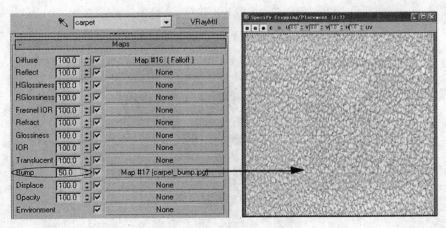

图 7-50　Bump 贴图通道设置

（6）最终所编辑出的地毯材质样本以及渲染效果如图 7-51 所示。

图 7-51　地毯材质效果

7.3.5　设置沙发天鹅绒材质效果

（1）将材质编辑器中的空置材质样本指定给场景中的沙发物体，并设置材质类型为 VRayMtl。

（2）在"Diffuse（漫反射）"贴图通道栏中指定"Falloff（衰减）"贴图类型，在"Falloff（衰减）"贴图控制面板中分别设置衰减颜色 RGB 值为（R=112,G=11,B=11）和（R=157,G=108,B=108），并设置"Falloff Type（衰减类型）"为"Fresnel（菲涅尔）"，如图 7-52 所示。

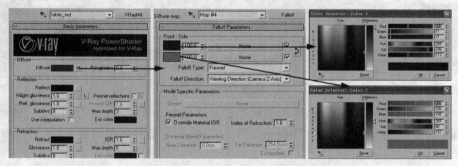

图 7-52　调整 Falloff 漫反射贴图

（3）最终所编辑出的沙发天鹅绒材质样本以及渲染效果如图 7-53 所示。

图 7-53　沙发天鹅绒材质效果

7.3.6 设置灯具金属和白色玻璃材质效果

设置灯具金属材质的步骤如下：

（1）射灯材质包括金属材质和白色玻璃材质设置两部分，首先在场景中选择 ceiling_lamp 物体中的金属支架部分，如图 7-54 所示。

图 7-54　选择吊灯金属支架模型

（2）为支架部分指定 VRayMtl 材质类型，将"Diffuse（漫反射）"选项指定为深灰色，RGB 值为（R=25，G=25，B=25）；将"Reflect（反射）"颜色指定为较亮的颜色，RGB 值为（R=210，G=210，B=210），调整"Hilight glossiness（高光光泽度）"参数值为 0.8；调整"Refl. glossiness（反射模糊）"参数值为 0.96 具体的参数设置如图 7-55 所示。

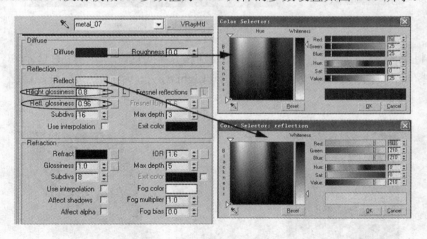

图 7-55　金属材质参数

（3）选择 ceiling_lamp 物体中的玻璃灯罩部分，指定 VRayMtl 材质类型，将"Diffuse（漫反射）"选项指定为白色，RGB 为 254；指定"Reflect（反射）"颜色的 RGB 为 55，指定"Refract（折射）"颜色的 RGB 为 30，并调整"IOR（折射率）"参数为 1.2，具体的参数设置如图 7-56 所示。

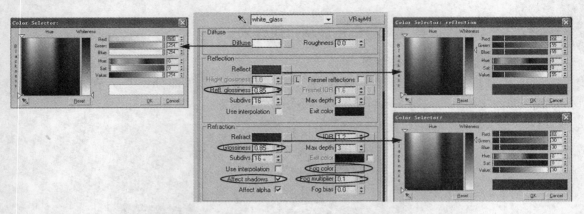

图 7-56　白色玻璃材质参数

（4）最终编辑出的吊灯金属和白色玻璃材质样本以及渲染效果如图 7-57 所示。

图 7-57　吊灯金属和白色玻璃材质效果

（5）将编辑出的金属和白色玻璃材质分别指定给场景中落地灯的灯罩和金属支架模型，配合在落地灯模型内部所设置的球形 **VRayLight** 灯光，所产生的渲染图像效果如图 7-58 所示。

图 7-58　落地灯材质效果

7.3.7　设置沙发桌装饰品材质

（1）选择沙发桌上的报纸物体，在编辑修改面板中进入"Polygon（多边形面）"次物体级别，对物体表面进行 ID 号的指定，如图 7-59 所示。

图 7-59　指定物体表面 ID

（2）为报纸物体指定"Multi-Sub Object（多维次物体）"材质类型，调整"Set Number（设置数目）"参数值为 2。

（3）进入 ID 号为 1 的材质控制面板中，设置材质类型为 VRayMtl，在"Diffuse（漫反射）"贴图通道内指定 newspaper_01.jpg 位图图像文件，按照相同的操作对 ID 号为 2 的材质"Diffuse（漫反射）"贴图通道内指定 newspaper_02.jpg 位图图像文件，如图 7-60 所示。

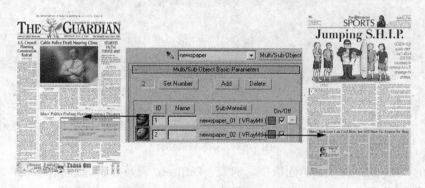

图 7-60　编辑多维次物体材质

（4）关于陶瓷材质的模拟比较简单，这里就不再分析了，具体的参数设置如图 7-61 所示。

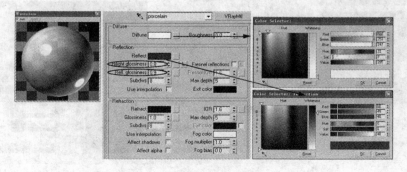

图 7-61　陶瓷材质参数

（5）最终编辑出的沙发桌上放置的瓷器和报纸的材质渲染效果如图7-62所示。

图 7-62　瓷器和报纸材质效果

 ## 7.3.8　设置书架和 DVD 材质

设置书架和 DVD 材质的步骤如下：

（1）选择场景中的书架模型物体，指定 VRayMtl 材质类型，如图 7-63 所示。

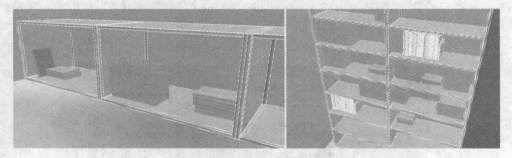

图 7-63　选择书架物体

（2）在 VRayMtl 材质编辑面板中，调整"Diffuse（漫反射）"颜色的 RGB 为 15，调整"Reflect（反射）"颜色的 RGB 为 25，"Hilight glossiness（高光光泽度）"参数值为 0.6，"Refl. Glossiness（反射模糊）"参数值为 0.85，具体参数设置和材质球效果如图 7-64 所示。

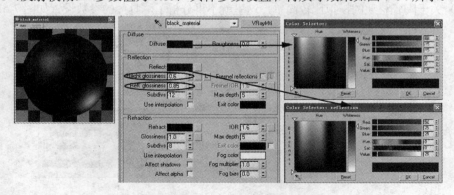

图 7-64　书架材质参数

（3）选择书架上摆放的 DVD 模型物体，在"Polygon（多边形面）"级别，指定物体表面 ID 号，如图 7-65 所示。

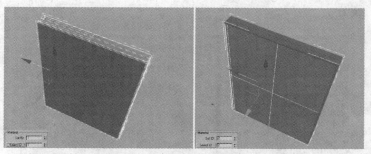

图 7-65　指定物体表面 ID 号

（4）为物体指定"Multi-Sub Object（多维次物体）"材质类型，调整"Set Number（设置数目）"参数值为 2。

（5）进入 ID 号为 1 的材质控制面板中，设置材质类型为 VRayMtl，在"Diffuse（漫反射）"贴图通道内指定 newspaper_01.jpg 位图图像文件，并对反射属性进行设置，具体的参数设置如图 7-66 所示。

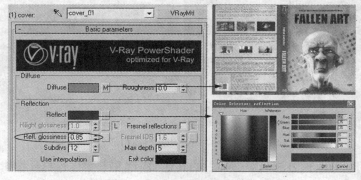

图 7-66　DVD 封套材质参数

（6）进入 ID 号为 2 的材质控制面板中，设置材质类型为 VRayMtl，设置"Diffuse（漫反射）"颜色灰度值为 4，设置"Reflect（反射）"颜色灰度值为 25，"Hilight glossiness（高光光泽度）"参数值为 0.7，"Refl. Glossiness（反射模糊）"参数值为 0.75，具体参数设置和材质球效果如图 7-67 所示。

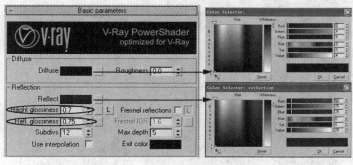

图 7-67　DVD 塑料盒材质参数

（7）在编辑修改面板中，对 DVD 模型物体指定 UVW Mapping 编辑修改命令，并选择
"Box（方体）"类型，在"Alignment（对齐）"选项下选择 Z 轴对齐，并对适配坐标进行缩
放处理，如图 7-68 所示。

图 7-68　调整贴图适配情况

（8）最终编辑出的 DVD 封套和塑料盒材质渲染效果如图 7-69 所示。

图 7-69　DVD 封套和塑料盒材质效果

（9）按照相同的编辑方法，对书架上的其他 DVD 和书籍进行材质编辑。

技巧：在对模型形状和贴图大小比例相同的 DVD 盒进行材质编辑时，可以单击 UVW
Mapping 编辑面板中的 Acquire 按钮，并拾取贴图已经调整好的 DVD 盒上的坐标，这样可
以避免进行大量重复性的贴图适配情况的手动编辑，如图 7-70 所示。

图 7-70　拾取贴图坐标

> 提示：单击 UVW Mapping 编辑面板中的 Acquire 按钮，并拾取对象以从中获取 UVW，从其他对象有效复制 UVW 坐标，一个对话框会提示您选择是以绝对方式还是相对方式完成获取。如果选择"绝对"，获得的贴图 Gizmo 会恰好放在所拾取的贴图的顶部。如果选择"相对"，获得的贴图 Gizmo 放在选定对象上方。

（10）最终编辑出的书架和 DVD 渲染效果如图 7-71 所示。

图 7-71　书架和 DVD 材质效果

7.4　渲染参数的设定

设定现代客厅场景的渲染参数的步骤如下：

（1）设置渲染图像的大小，宽度为 960，高度为 600，如图 7-72 所示。

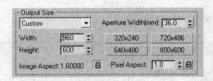

图 7-72　设置渲染图像尺寸

（2）在"Render（渲染器）"面板下"VRay::Image sampler（Antialiasing）（图像抗锯齿）"卷展栏中的"Type（类型）"设置为"Adaptive QMC（自适应准蒙特卡罗）"方式，并将"Antialiasing filter（抗锯齿过滤）"类型设置为"Mitchell-Netravali"，如图 7-73 所示。

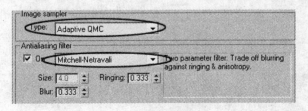

图 7-73　设置图像采样参数

（3）在"Irradiance map（发光贴图）"卷展栏中设置"Current preset（当前制式）"为 High，再设置"HSph subdivs（半球细分）"参数值为 50，如图 7-74 所示。

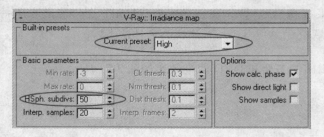

图 7-74　设置发光贴图参数

（4）在"Light cache（灯光缓存）"卷展栏中设置"Subdivs（细分）"参数值为 1500，并将"Sample size（样本尺寸）"参数值设置为 0.01，同时将"Number of passes（通过数）"参数值设置为 2，如图 7-75 所示。

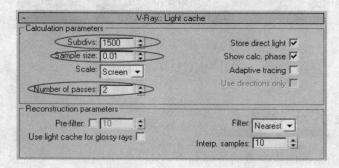

图 7-75　设置灯光缓存参数

（5）其他卷展栏中的设置如图 7-76 所示。

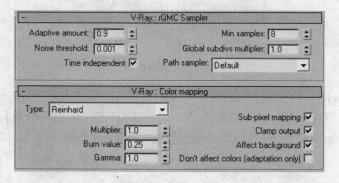

图 7-76　其他参数设置

注意：对于渲染参数的设置，可以根据制作需要和计算机性能来进行设置，以期在渲染质量和所消耗的渲染时间之间取得平衡。

（6）最终图像的渲染效果如图 7-77 所示。

图 7-77　最终渲染效果

（7）其他摄像机视角下的渲染图像如图 7-78 所示。

图 7-78　最终渲染效果

7.5　本章小结

本章结合真实的物理世界中的材质分析，重点介绍了一些重要材质的制作方法，并结合太阳光和天光的效果，制作出一个现代客厅的效果，使读者能够通过日光的模拟，制作出真实可信的室内渲染效果。

第8章　阳光浴室篇

　　本实例所表现的浴室空间在整体效果上力求体现出自然古朴而又温暖亲和的田园情怀。主要选用了木料、砖石、藤编和陶瓷等材质，在粗线条的材料当中更加突出白色陶瓷卫浴制品如牛奶般柔和的光感。

　　在场景光照方面，从窗口倾泻而入的日光形成了场景中最强的光照来源，同时由于日光的直射也使得浴盆及周围区域成为了场景中亮度最高、最能够吸引观众注意力的区域，这同场景含蓄阴郁的风格形成强烈对比，并突出了场景的主要功能和主题。

　　壁炉中正在燃烧的干柴仿佛正噼啪作响，而映射出的桔黄色火光主要起到调节场景色调和气氛的作用，缺少了这点元素将很容易使场景在整体情绪上显得冷清阴霾而缺少温暖的感受，当然本场景在制作方面也将迎来对于如何表现火焰效果的技术挑战。

　　阳光浴室的最终效果如图8-1所示。

图8-1　阳光浴室效果

阳光浴室场景的线框材质渲染效果如图8-2所示。

图8-2　场景线框材质渲染效果

木制地板、砖石壁炉、劈柴、陶瓷以及炉火等材质效果的细节表现如图 8-3 所示。

图 8-3　浴室局部效果表现

8.1　设置摄像机观察角度

设置 VRay 物理摄像机的操作步骤如下：

（1）打开光盘"第 8 章　阳光浴室篇"→"Scenes"→"阳光浴室_模型.max"场景文件，模型部分已经制作完成的场景效果如图 8-4 所示。

图 8-4　打开场景模型文件

（2）在 Top 视图中创建 Target Camera，并调整摄像机的位置。

（3）切换至 Front 视图，调整摄像机高度，摄像机在场景中放置的位置如图 8-5 所示。

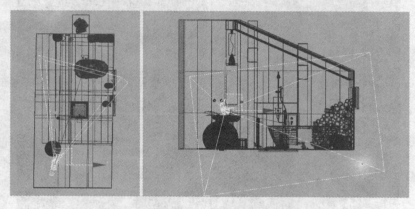

图 8-5　调整摄像机位置

（4）当前摄像机设置下所观察到的场景效果如图 8-6 所示。

图 8-6　摄像机视图观察效果

8.2　设置浴室灯光

浴室场景的灯光主要以太阳光照为主，并设置"Sphere（球形）"光作为补光。

8.2.1　设置太阳光照

（1）在灯光创建面板中选择"Target Direct（目标平行光）"光源类型，在 Top 视图中拖动进行创建，并在 Front 视图中调整光源高度，使太阳光线从客厅窗口射入，如图 8-7 所示。

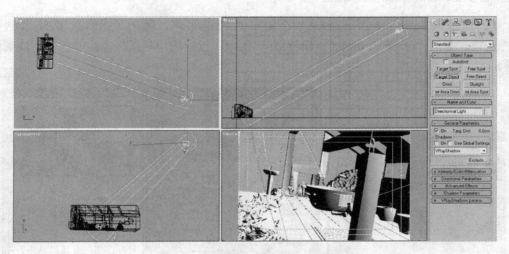

图 8-7　创建 Target Direct 光源类型

（2）在编辑修改面板中，开启"Shadows（阴影）"阴影类型，调整"Multiplier（强度倍增）"参数为 3.0，调整灯光颜色为浅红色，根据窗口的尺寸调整"Hotspot/Beam（聚光区）"参数为 275.09cm，调整"Falloff/Field（衰减区）"参数为 300.091cm，并在"VRayShadows params（VRay 阴影参数）"选项栏中开启"Area shadow（区域阴影）"选项，在"Box（方体）"类型下调整"U size（U 向大小）"、"V size（V 向大小）"、"W size（W 向大小）"参数值均为 80，如图 8-8 所示。

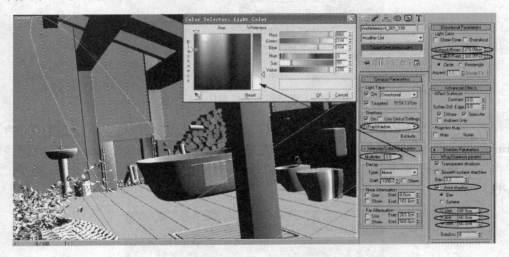

图 8-8　Target Direct 参数调整

 ### 8.2.2　照明测试渲染设置

设置场景照明测试渲染的步骤如下：

（1）按下<F10>键打开"Render Scene（渲染场景）"设置窗口，首先在"Common（通用）"标签下的"Assign Renderer（指定渲染器）"卷展栏下指定 VRay 渲染器类型。

（2）在"VRay::Global switches（全局开关）"卷展栏，关闭"Default lights（默认灯光）"选项，激活"Override mtl（全局材质）"选项，设置通用材质样本的颜色值为浅灰色，如图 8-9 所示。

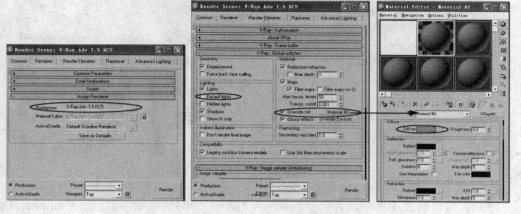

图 8-9　设置渲染器和全局选项

（3）将"VRay::Image sampler（Antialiasing）（图像抗锯齿）"卷展栏中的"Type（类型）"设置为 Fixed 方式，并关闭"Antialiasing filter（抗锯齿过滤）"选项，如图 8-10 所示。

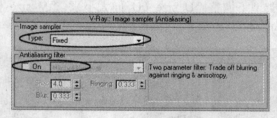

图 8-10　调整图像采样和抗锯齿精度

（4）在"VRay::Indirect illumination（GI）（间接照明）"卷展栏中将开关选项开启，将"Primary bounces（初次反弹）"的渲染引擎维持默认的"Irradiance map（发光贴图）"方式，将"Secondary bounces（二次反弹）"的渲染引擎设置为"Light cache（灯光缓存）"，如图 8-11 所示。

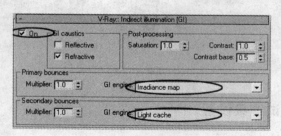

图 8-11　设置渲染引擎

（5）将"Irradiance map（发光贴图）"和"Light cache（灯光缓存）"卷展栏中的具体参

数设置如图 8-12 所示。

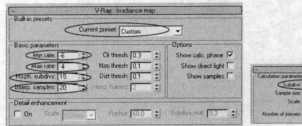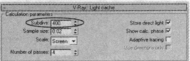

图 8-12　Irradiance map 和 Light cache 的参数设置

（6）在 "Common（通用）" 标签下的 "Common Parameters（通用参数）" 卷展栏中设置 "Output Size（输出尺寸）" 参数为 320×200,在这里根据在摄像机视角中要表现的场景内容将渲染尺寸的宽度数值设置得较大，用户也可以根据硬件配置的不同来选择更大的渲染图像尺寸。

> 提示：在设置图像输出尺寸时，用户可以在摄像机视图的左上角单击鼠标右键，在弹出的标记菜单中开启 "Show Safe Frame（显示安全框）" 选项，这样可以更加直观地在视图中观察到图像输出比例的调整结果。

（7）按下<F9>键对摄像机视图中的场景光照效果进行测试渲染，渲染效果如图 8-13 所示。

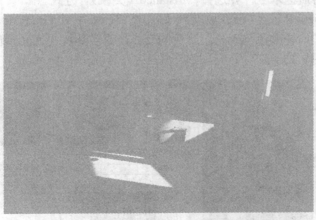

图 8-13　平行光照明效果测试

 ### 8.2.3　环境贴图设置

环境贴图设置的步骤如下：

（1）按下键盘上的<8>键打开 "Environment and Effects（环境和特效）" 窗口，单击 "Environment Map（环境贴图）" 选项下方的按钮，在弹出的 "Material/Map Browser（材质/贴图浏览器）" 窗口中选择 "Gradient Ramp（渐变坡度）" 贴图类型，如图 8-14 所示。

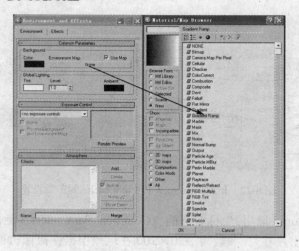

图 8-14　指定 Gradient Ramp 环境贴图

> 提示："Gradient Ramp（渐变坡度）"是与"Graident（渐变）"贴图相似的 2D 贴图。它从一种颜色到另一种进行着色。在这个贴图中，可以为渐变指定任何数量的颜色或贴图。使用该贴图类型可以模拟真实环境中天光颜色渐变的特点。

（2）按下键盘上的 <M> 键打开"Material Editor（材质编辑器）"窗口，将"Environment Map（环境贴图）"选项栏中的"Gradient Ramp（渐变坡度）"贴图拖动到材质编辑器中的空置材质样本上，并选择"Instance（关联）"方式。

（3）在"Gradient Ramp（渐变坡度）"贴图调节面板中对"Gradient Ramp（渐变坡度）"贴图渐变色进行调整，使颜色呈现从蓝到黄的变化，真实环境中天光颜色渐变效果和渐变贴图颜色调整效果如图 8-15 所示。

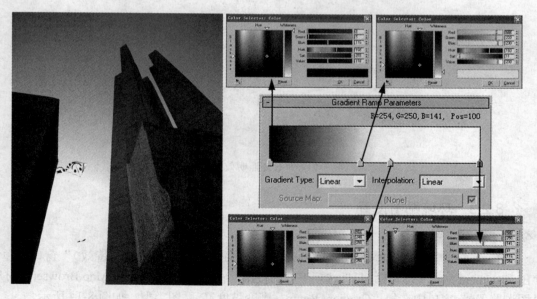

图 8-15　渐变贴图颜色调整

（4）按下键盘上的<F9>键对摄像机视图中的场景光照效果进行测试渲染，渲染效果如图 8-16 所示。

图 8-16　环境贴图测试渲染效果

（5）在渲染设置面板的"Color mapping（颜色贴图）"卷展栏中，将"Type（类型）"选项设置为"Exponential（指数）"方式，并调整"Dark multiplier（暗部增强）"参数值为 1.6，"Bright multiplier（亮部增强）"参数值为 15，并对场景进行测试渲染，渲染效果如图 8-17 所示。

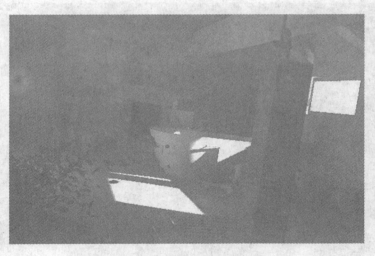

图 8-17　调整色彩贴图强度

8.2.4　设置天光补光

设置天光补光的步骤如下：

（1）在场景窗口位置创建 VRayLight，并设置灯光类型为"Plane（平面）"，如图 8-18 所示。

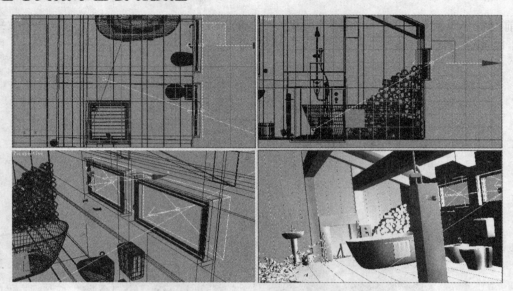

图 8-18　创建 VRayLight 灯光类型

（2）在编辑修改面板中，根据天光颜色偏冷的特点调整灯光颜色为淡蓝色，调整"Multiplier（强度倍增）"参数值为 10，并开启"Invisible（不可见）"选项。

（3）按下<F9>键对摄像机视图中的场景光照效果进行测试渲染，渲染效果如图 8-19 所示。

图 8-19　天光补光测试渲染效果

 8.2.5　设置场景补光

设置场景补光的步骤如下：

（1）经过上一步的测试渲染，可以观察到浴盆后面的柴堆角落里光线较暗，因此在柴堆前方创建 VRayLight，并设置灯光类型为"Sphere（球形）"，如图 8-20 所示。

图 8-20　创建 VRayLight 灯光类型

（2）在编辑修改面板中，调整灯光颜色为淡黄色，调整"Multiplier（强度倍增）"参数值为 2，并开启"Invisible（不可见）"选项。按下键盘上的<F9>键对摄像机视图中的场景光照效果进行测试渲染，渲染效果如图 8-21 所示。

图 8-21　柴堆前方补光测试渲染效果

（3）在镜头近端吊灯灯罩模型内部创建"Sphere（球形）"类型 VRayLight，同样调整灯光颜色为淡黄色，调整"Multiplier（强度倍增）"参数值为 2,并开启"Invisible（不可见）"选项，如图 8-22 所示。

图 8-22　吊灯 VRayLight 位置与参数

（4）按下<F9>键对摄像机视图中的场景光照效果进行测试渲染，渲染效果如图 8-23 所示。

图 8-23　吊灯 VRayLight 测试渲染效果

（5）经过对之前测试渲染图像的观察，可以发现淋浴器背面光照效果较弱，因此在场景中创建 VRayLight，并设置灯光类型为"Plane（平面）"调整位置使其光照方向指向淋浴器。

（6）根据对太阳光经室内环境反射后颜色所发生变化的分析，调整灯光颜色为淡红色，调整"Multiplier（强度倍增）"参数值为 10,开启"Invisible（不可见）"选项，如图 8-24 所示。

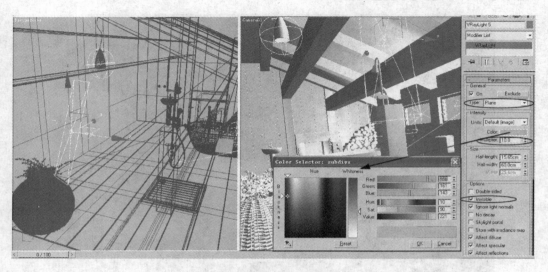

图 8-24 VRayLight 位置与参数

提示：太阳光颜色为暖黄色，而本场景墙壁木纹材质贴图为棕红色，这样可以分析出反射到淋浴器背光部分的光线颜色为浅红色。

（7）按下键盘上的<F9>键对摄像机视图中的场景光照效果进行测试渲染，渲染效果如图 8-25 所示。

图 8-25 淋浴器补光测试渲染效果

8.3 设置浴室空间材质效果

为了方便材质部分的讲解，在这里对主要材质进行了编号，下面对进行编号的材质进行讲解，如图 8-26 所示。

图 8-26　场景材质编号

 8.3.1　设置地面和墙面木料材质

（1）按下<M>键打开"Material Editor（材质编辑器）"窗口，将空置材质样本指定给地面和壁炉后方的墙面物体，并设置材质类型为 VRayMtl。

（2）在"Diffuse（漫反射）"贴图通道栏中指定"Bitmap（位图）"贴图类型，并选择准备好的 wood_3.jpg 图像文件，设置"Reflect（反射）"选项的颜色灰度值为 20，并调整"Refl.glossiness（反射模糊）"参数值为 0.85，在"Bump（凹凸）"贴图通道栏中指定"Bitmap（位图）"贴图类型，选择准备好的 wood_3b.jpg 图像文件，并调整"Bump（凹凸）"贴图强度参数为 25.0，如图 8-27 所示。

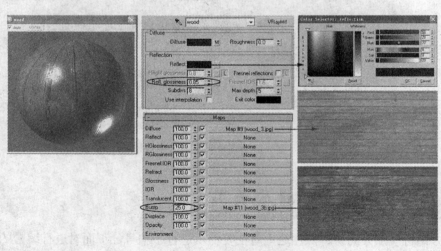

图 8-27　木料材质编辑

（3）编辑出的木料材质在渲染之后的效果如图 8-28 所示。

图 8-28　木料材质渲染效果

（4）为浴室场景的屋顶和除壁炉后方之外的其他墙壁指定空置材质样本，并设置材质类型为 VRayMtl。在"Diffuse（漫反射）"贴图通道内赋予 wood_2.jpg 图像文件，在"Bump（凹凸）"贴图通道栏中指定"Bitmap（位图）"贴图类型，并选择准备好的 wood_2b.jpg 图像文件，并调整"Bump（凹凸）"贴图强度参数为 25.0，并调整一定的反射率，如图 8-29 所示。

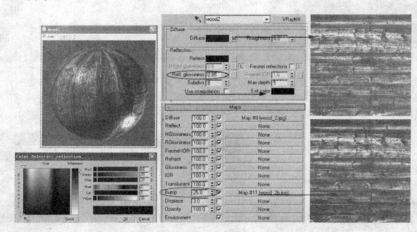

图 8-29　木料材质编辑

（5）编辑出的木料材质在渲染之后的效果如图 8-30 所示。

图 8-30　木料材质渲染效果

（6）为浴室横梁和淋浴器底座指定空置材质样本，并设置材质类型为 VRayMtl。在"Diffuse（漫反射）"贴图通道内赋予 wood.jpg 图像文件，设置"Reflect（反射）"选项的颜色灰度值为 30，并调整"Hilight glossiness（高光光泽度）"参数值为 0.65，并调整"Refl.glossiness（反射模糊）"参数值为 0.75，在"Bump（凹凸）"贴图通道栏中指定"Bitmap（位图）"贴图类型，并选择准备好的 wood_46_bump.tif 图像文件，并调整"Bump（凹凸）"贴图强度参数为 40.0，并调整一定的反射率，如图 8-31 所示。

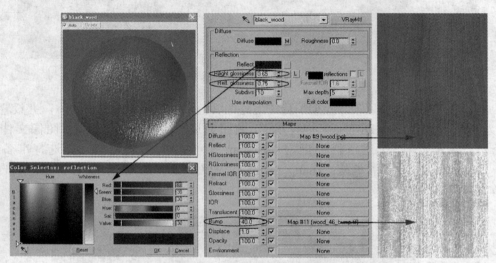

图 8-31　木料材质编辑

（7）编辑出的木料材质在渲染之后的效果如图 8-32 所示。

图 8-32　横梁和淋浴器底座木料材质效果

 8.3.2　设置壁炉砖石材质

设置壁炉砖石材质的步骤如下：

（1）选择壁炉物体，为其指定空置材质样本，并设置材质类型为 VRayMtl。

（2）在"Diffuse（漫反射）"贴图通道内赋予 Bricks.jpg 图像文件，设置"Reflect（反射）"选项的颜色灰度值为 8，并调整"Refl.glossiness（反射模糊）"参数值为 0.6，在"Bump（凹凸）"贴图通道栏中指定"Bitmap（位图）"贴图类型，选择准备好的 Bricks_B.jpg 图像文件，并调整"Bump（凹凸）"贴图强度参数为 90.0，如图 8-33 所示。

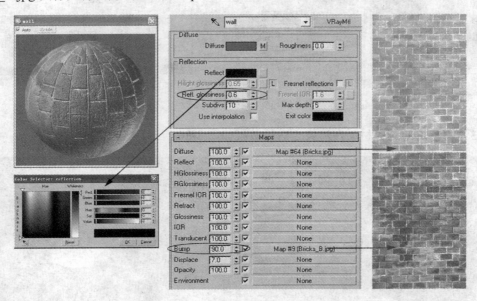

图 8-33　砖石材质编辑

（3）编辑出的砖石材质在渲染之后的效果如图 8-34 所示。

图 8-34　砖石材质渲染效果

8.3.3　设置卫浴用品材质

（1）按下键盘上的<M>键打开"Material Editor（材质编辑器）"窗口，将空置材质样本指定给浴盆及洗手池等物体，并设置材质类型为 VRayMtl。

（2）在材质编辑窗口中，调整"Diffuse（漫反射）"颜色为白色，调整"Reflect（反射）"颜色灰度值为 25，并设置"Hilight glossiness（高光光泽度）"参数值为 1.0，并调整"Refl.glossiness（反射模糊）"参数值为 0.85，如图 8-35 所示。

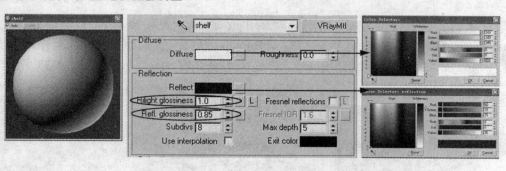

图 8-35　陶瓷材质编辑

（3）编辑出的陶瓷材质在渲染之后的效果如图 8-36 所示。

图 8-36　陶瓷材质效果

（4）淋浴喷头由硬塑料和金属两种材质构成。选择手持淋浴喷头物体，为其指定 Standard 材质类型，调整"Diffuse（漫反射）"颜色为浅灰色，调整"Specular Level（高光强度）"参数为 31，调整"Glossiness（光泽度）"参数为 27，如图 8-37 所示。

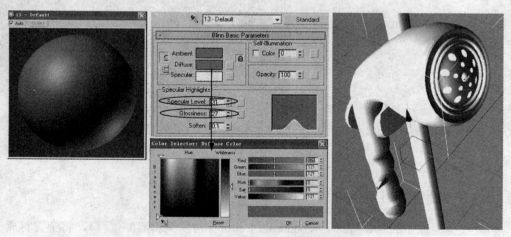

图 8-37　手持淋浴喷头材质编辑

（5）选择固定淋浴喷头物体，为其指定 VRayMtl 材质类型，调整"Diffuse（漫反射）"颜色为浅灰色，设置"Reflect（反射）"选项的颜色灰度值为 205，并调整

"Refl.glossiness（反射模糊）"参数值为 0.75，如图 8-38 所示。

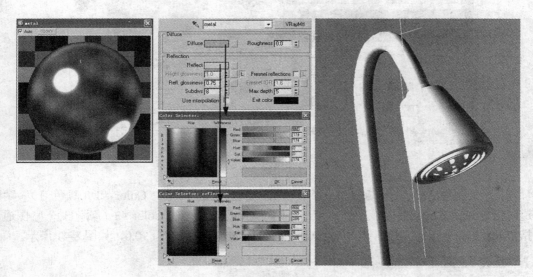

图 8-38　固定淋浴喷头金属材质

（6）编辑出的淋浴喷头材质在渲染之后的效果如图 8-39 所示。

图 8-39　淋浴喷头材质效果

 ### 8.3.4　设置植物和藤编材质

设置植物和藤编材质的步骤如下：

（1）按下键盘上的<M>键打开"Material Editor（材质编辑器）"窗口，将空置材质样本指定给植物和藤编材质，并设置材质类型为 VRayMtl。

（2）在材质的"Diffuse（漫反射）"贴图通道内指定"Falloff（衰减）"贴图类型，并在其贴图控制面板中分别为两个颜色控制贴图通道指定"Gradient（衰减）"贴图类型，并调整"Falloff Type（衰减类型）"为"Fresnel（菲涅尔）"，如图 8-40 所示。

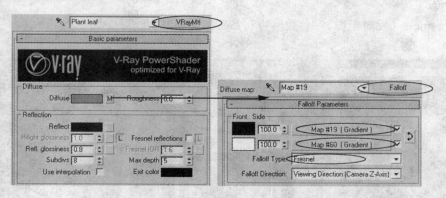

图 8-40　指定漫反射贴图类型

（3）在前景色的"Gradient（衰减）"贴图控制面板中，在"Color #1（颜色 1）"贴图通道内指定 leaf-01b.jpg 图像文件，在"Color #2（颜色 2）"和"Color #3（颜色 3）"贴图通道内指定 leaf 07.jpg 图像文件，并调整"Angle W（W 方向角度）"为 90.0，如图 8-41 所示。

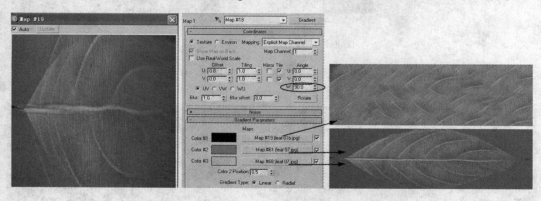

图 8-41　前景色衰减贴图调整

（4）按照相同的制作思路，对后景色 "Gradient（衰减）"贴图中的三个颜色贴图通道进行设置，如图 8-42 所示。

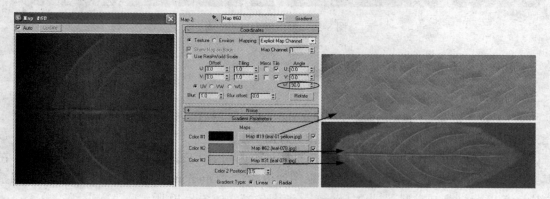

图 8-42　后景色衰减贴图调整

（5）编辑的材质样本和材质节点图表如图 8-43 所示。

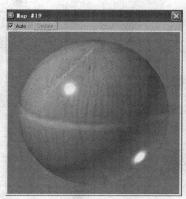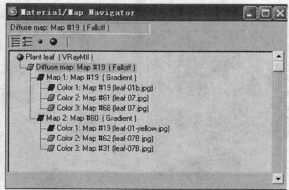

图 8-43　植物材质样本和节点图表

（6）编辑出的植物材质在渲染之后的效果如图 8-44 所示。

图 8-44　植物材质效果

提示：在"Diffuse（漫反射）"贴图通道内指定的"Falloff（衰减）"贴图类型基于几何体曲面上法线的角度衰减来生成从白到黑的值。用于指定角度衰减的方向会随着所选的方法而改变。根据默认设置，贴图会在法线从当前视图指向外部的面上生成白色，而在法线与当前视图相平行的面上生成黑色，在本例中由于在黑白颜色的贴图通道内进行了渐变贴图的编辑，因此可以使植物叶片产生由碧绿到枯黄的颜色变化。

（7）为场景中的藤编物体赋予 VRayMtl 材质类型，在"Diffuse（漫反射）"贴图通道内指定 leaf.jpg 图像文件，调整"Reflect（反射）"颜色灰度值为 59，并调整"Refl.glossiness（反射模糊）"参数值为 0.75，在"Bump（凹凸）"贴图通道内指定 wood_46_bump.tif 图像文件，并调整"Bump（凹凸）"贴图强度值为 25.0，如图 8-45 所示。

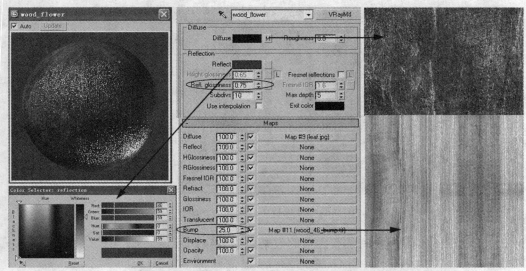

图 8-45　藤编材质编辑

（8）编辑出的藤编材质在渲染之后的效果如图 8-46 所示。

图 8-46　藤编材质效果

8.3.5　设置皮革材质

设置皮革材质的步骤如下：

（1）在场景中选择皮靴物体，在材质编辑器中为其指定 VRayMtl 材质类型，如图 8-47 所示。

（2）在 VRayMtl 材质编辑面板中，设置"Diffuse（漫反射）"颜色的 RGB 值为（3，3，3），设置"Reflect（反射）" 颜色的 RGB 值为（255，255，255），并调整"Refl.glossiness（反射模糊）"参数值为 0.65，如图 8-48 所示。

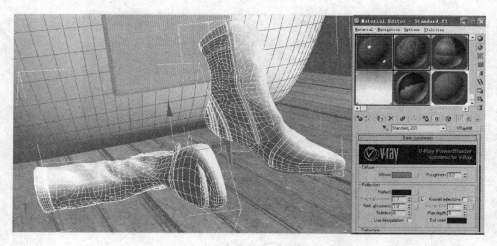

图 8-47　指定 VRayMtl 材质类型

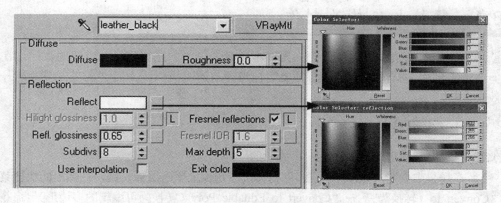

图 8-48　皮革材质属性调整

（3）在"Bump（凹凸）"贴图通道内指定 leather_bump.jpg 图像文件，并调整"Bump（凹凸）"贴图强度值为 30.0，如图 8-49 所示。

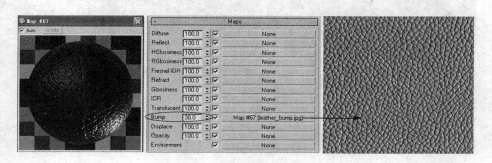

图 8-49　指定凹凸贴图

（4）编辑出的皮革材质在渲染之后的效果如图 8-50 所示。

图 8-50　皮革材质效果

8.4　壁炉火焰特效制作

壁炉内燃烧的木柴发出橘红色的火光对本场景气氛的烘托起到至关重要的作用，在制作时不但要考虑到相关材质的编辑，而且要配合光源的照明模拟，才能够真实再现火焰升腾的特技效果。

8.4.1　火焰特效材质编辑

编辑火焰特效材质的步骤如下：

（1）在场景中创建"Plane（平面）"物体，在物体上单击鼠标右键，在弹出的快捷菜单中选择"Convert to（转换为）"→"Convert to Editable Poly（转换为可编辑的多边形）"命令，按下键盘上的数字键〈1〉进入"Vertex（点）"次物体级别，编辑物体形状，如图 8-51 所示。

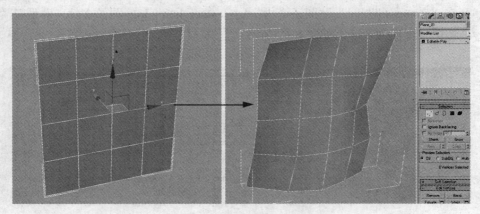

图 8-51　编辑平面物体形状

（2）按照相同的制作思路，编辑制作更多的平面物体，并调整其位置将其放置到壁炉中的木柴中间，如图 8-52 所示。

图 8-52 调整平面物体位置

（3）按键盘上的<M>键打开"Material Editor（材质编辑器）"窗口，将空置材质样本指定给地面和壁炉后方的墙面物体，并设置材质类型"Standard（标准）"。

（4）在"Standard（标准）"材质编辑面板中，在"Diffuse Color（漫反射）"贴图通道内指定 fire.jpg 图像文件，在"Self-Illumination（自发光）"贴图通道内指定 fire.jpg 图像文件，在"Opacity（透明度）"贴图通道内指定 fire_mask.jpg 图像文件，在"Bump（凹凸）"贴图通道内指定 fire.jpg 图像文件，如图 8-53 所示。

图 8-53 火焰材质编辑

提示：在"Self-Illumination（自发光）"贴图通道内所指定的 fire.jpg 图像文件，可以使物体根据图像文件中的颜色产生自发光效果，这样可以使火焰效果更加明亮。

在"Opacity（透明度）"贴图通道内所指定的 fire_mask.jpg 图像文件，可以使平面物体上除火焰之外的区域产生透明效果，并露出后面的木柴和壁炉。

（5）编辑出的火焰材质效果如图 8-54 所示。

图 8-54　火焰材质效果

8.4.2　火焰碎屑材质编辑

编辑火焰碎屑材质的步骤如下：

（1）选择壁炉内地面上的火焰碎屑物体模型，为其指定"Standard（标准）" 材质类型，如图 8-55 所示。

图 8-55　指定 Standard 材质类型

（2）在"Standard（标准）"材质编辑面板中，在"Diffuse Color（漫反射）"贴图通道、"Self-Illumination（自发光）"贴图通道和"Bump（凹凸）"贴图通道内指定 coal.jpg 图像文件，如图 8-56 所示。

图 8-56　火焰碎屑材质编辑

（3）编辑的材质在材质样本和场景物体中的显示如图 8-57 所示。

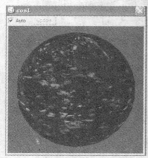

图 8-57 材质样本和场景中物体显示

（4）按下键盘上的<F9>键对所编辑的材质效果进行测试渲染，渲染效果如图 8-58 所示。

图 8-58 火焰碎屑材质效果

8.4.3 火焰光照效果制作

经过火焰特效材质部分的编辑后，需要对壁炉内进行灯光照明效果的指定，这样才能将火焰效果和被照亮的壁炉内壁和劈柴结合起来，得到真实逼真的炉火效果。

（1）在壁炉内的柴堆之中创建 VRayLight，并设置灯光类型为"Sphere（球形）"。

（2）在 VRayLight 编辑修改面板中，调整灯光"Color（颜色）"为橘红色，调整"Multiplier（强度倍增）"参数值为 3.0，调整"Radius（半径）"参数值为 13.23cm，并开启"Invisible（不可见）"选项，如图 8-59 所示。

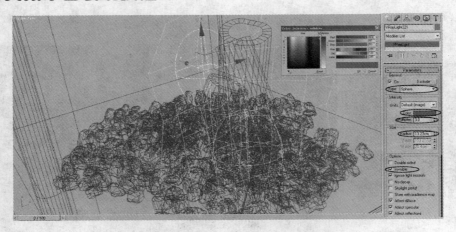

图 8-59　编辑 VRayLight 参数

（3）编辑出的 VRayLight 照明效果如图 8-60 所示。

图 8-60　VRayLight 照明效果

（4）在壁炉内的柴堆后方创建 VRayLight，并设置灯光类型为"Plane（平面）"来制作壁炉前方地板上所折射出的火光，调整灯光"Color（颜色）"为橘黄色，调整"Multiplier（强度倍增）"参数值为 1.0，并开启"Invisible（不可见）"选项，如图 8-61 所示。

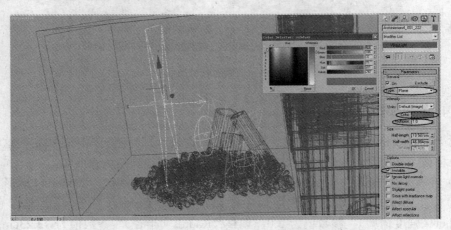

图 8-61　编辑 VRayLight 参数

（5）编辑出的 VRayLight 照明效果如图 8-62 所示。

图 8-62　VRayLight 照明效果

8.5　最终渲染参数设置

设置阳光浴室场景最终渲染参数的步骤如下：

（1）在渲染设置面板中设置"Output Size（输出尺寸）"为 1200×799，如图 8-63 所示。

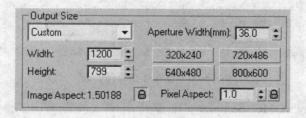

图 8-63　设置图像尺寸

（2）将"Render（渲染器）"面板下"VRay::Image sampler（Antialiasing）（图像抗锯齿）"卷展栏中的"Type（类型）"设置为"Adaptive QMC（自适应准蒙特卡罗）"方式，并将"Antialiasing filter（抗锯齿过滤）"类型设置为"Catmull-Rom（只读存储器）"，如图 8-64 所示。

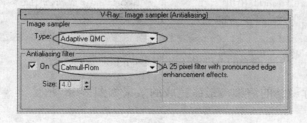

图 8-64　设置图像采样参数

（3）在"Irradiance map（发光贴图）"卷展栏中设置"Current preset（当前制式）"为 High，再设置"HSph subdivs（半球细分）"参数值为 50，如图 8-65 所示。

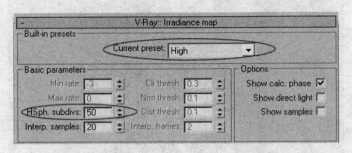

图 8-65　设置发光贴图参数

（4）在"Light cache（灯光缓存）"卷展栏中设置"Subdivs（细分）"参数值为 1500，并将"Sample size（样本尺寸）"参数值设置为 0.01，同时将"Number of passes（通过数）"参数值设置为 2，如图 8-66 所示。

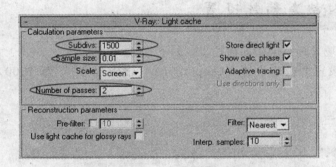

图 8-66　设置灯光缓存参数

（5）在"V-Ray::rQMC Sampler（准蒙特卡罗采样器）"卷展栏中，将"Adaptive amount（自适应数量）"参数值设置为 0.8，"Noise threshold（噪波阈值）"参数值设置为 0.01，"Min samples（最小样本数）"参数值设置为 16，"Global subdivs multiplier（全局细分倍增）"参数值设置为 6.0，如图 8-67 所示。

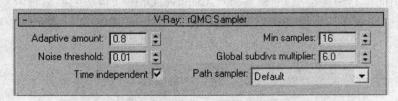

图 8-67　设置环境选项和 rQMC 采样参数

（6）对场景进行最终的渲染，最终完成的效果如图 8-68 所示。

图 8-68　最终渲染结果

8.6　本章小结

　　本章主要介绍了浴室的布光和补光的方法，以及地面、壁炉、植物以及火焰特效材质的制作。使读者通过对浴室空间效果的学习，学会在整体效果上力求体现自然古朴而又温暖亲和的田园情怀的效果。

第 9 章　厨房空间篇

厨房不仅是家居生活的重要功能场所，更是家庭成员烹制心灵鸡汤，在协作的过程中交流情感的地方。因此，厨房设计绝不仅仅是在功能上提供给人们一个展示厨艺和进餐的空间，而且更要注重贴近居住者对生活状态的渴求和向往，使居住者能够在厨房空间中时时体验到宁静庄重又不失轻松浪漫的心灵感受。

本章实例是一个兼具自然主义和现代主义风格的厨房空间，为了追求浪漫温馨的氛围而选用绿色的墙壁作为厨房的主调，同时搭配了石材地面、木制顶面和风格简练的壁橱，营造出轻松自然的感觉，厨房的最终效果如图 9-1 所示。

图 9-1　厨房空间效果

厨房模型的线框效果如图 9-2 所示。

图 9-2　厨房空间线框效果

炉灶后面的空间被利用起来放置了简易餐桌椅，这样可以方便进行单人或双人的进餐，在充分利用空间的同时也丰富了厨房的功能，如图 9-3 所示。

图 9-3　餐桌椅间效果

厨房中一些局部细节的表现，包括顶面、厨具和储物柜等如图 9-4 所示。

图 9-4　厨房细节表现

9.1　相机的设置

由于本场景要表现的内容较多，因此将采用横向构图来表现摄像机视图。

（1）打开光盘"第 9 章 厨房空间篇"→"Scenes"→"厨房空间篇_模型.max"本例

场景文件，模型部分已经制作完成的场景效果如图 9-5 所示。

图 9-5　打开场景模型文件

（2）在 Top 视图中创建 Camera，并调整摄像机的位置。切换至 Front 视图，调整摄像机高度，摄像机在场景中放置的位置如图 9-6 所示。

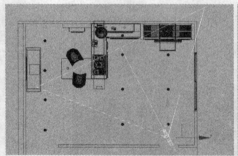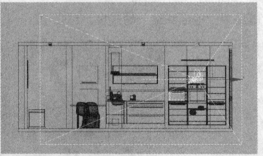

图 9-6　调整摄像机位置

（3）在编辑修改面板中，调整"Lens（焦距）"参数值为 20，并配合摄像机视图中所观察到的效果调整摄像机位置。

（4）在摄像机视图中开启"Show Safe Frame（显示安全框）"选项，并在渲染设置面板的"Output Size（输出尺寸）"选项栏中设置尺寸为 480×288，如图 9-7 所示。

（5）当前摄像机设置下所观察到的场景效果如图 9-8 所示。

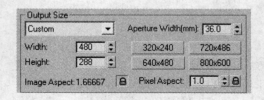

图 9-7　设置尺寸　　　　　　　　　　图 9-8　摄像机视图观察效果

（6）根据空间表现的需要也可以同时在场景中设置更多的摄像机，如图 9-9 所示。

图 9-9　设置摄像机观察角度

9.2　设置厨房灯光

厨房空间的灯光由太阳光、环境光照、辅助光照和局部光照四部分构成。

9.2.1　设置太阳光

设置太阳光的步骤如下：

（1）在灯光创建面板中选择 VRayLight 光源类型，在 Top 视图中拖动进行创建，并在编辑修改面板中设置"Type（类型）"为"Sphere（球形）"，如图 9-10 所示。

图 9-10　创建球形 VRayLight

（2）在 Front 视图中调整光源高度，并在编辑修改面板中设置灯光颜色的 RGB 值为（R=6，B=28，B=255）如图 9-11 所示。

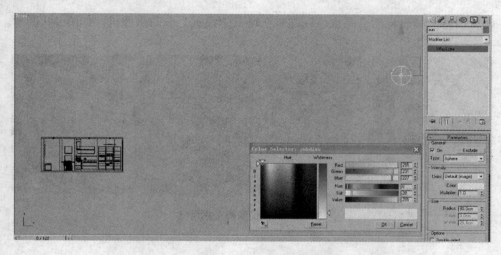

图 9-11　调整 VRayLight 高度和颜色

（3）按下键盘上的<F10>键打开"Render Scene（渲染场景）"设置窗口，首先在"Common（通用）"标签下的"Assign Renderer（指定渲染器）"卷展栏下指定 VRay 渲染器类型。

（4）在"VRay::Global switches（全局开关）"卷展栏中关闭"Default light（默认灯光）"选项，激活"Override mtl（全局材质）"选项，设置通用材质样本的颜色值为浅灰色，如图 9-12 所示。

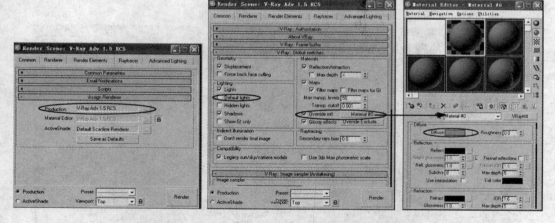

图 9-12　设置渲染器和全局选项

（5）将"VRay::Image sampler（Antialiasing）（图像抗锯齿）"卷展栏中的"Type（类型）"设置为 Fixed 方式，并关闭"Antialiasing filter（抗锯齿过滤）"选项，如图 9-13 所示。

（6）在"VRay::Indirect illumination（GI）（间接照明）"卷展栏中将开关选项开启，将"Primary bounces（初次反弹）"的渲染引擎维持默认的"Irradiance map（发光贴图）"方式，将"Secondary bounces（二次反弹）"的渲染引擎设置为"Light cache（灯光缓存）"，如图 9-14 所示。

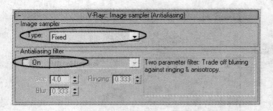
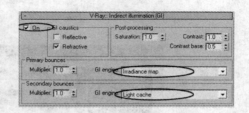

图 9-13　调整图像采样和抗锯齿精度　　　　　图 9-14　设置渲染引擎

（7）将"Irradiance map（发光贴图）"和"Light cache（灯光缓存）"卷展栏的具体参数设置为如图 9-15 所示。

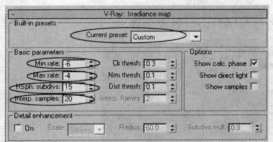
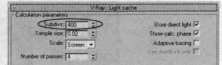

图 9-15　渲染引擎参数设置

（8）按下<F9>键对摄像机视图中的场景光照效果进行测试渲染，渲染效果如图 9-16 所示。

图 9-16　太阳光照明效果测试

9.2.2　设置环境光照

设置环境光照的步骤如下：

（1）按下键盘上的<8>键打开"Environment and Effects（环境和特效）"窗口，将背景颜色设置为白色，如图 9-17 所示。

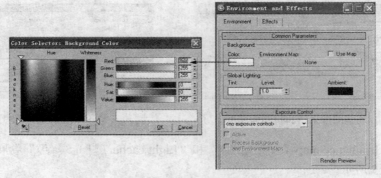

图 9-17 设置背景颜色

（2）对背景颜色设置所产生的影响进行测试渲染，效果如图 9-18 所示。

图 9-18 背景颜色测试渲染

（3）在渲染设置面板中单击"Renderer（渲染器）"标签，激活"V-Ray::Environment（环境）"卷展栏中的"GI Environment（skylight）override（全局照明天光）"选项，在照明天光选项右侧的贴图通道栏中指定"Gradient Ramp（坡度渐变）"贴图类型。

（4）将贴图通道栏中的"Gradient Ramp（坡度渐变）"贴图以"Instance（关联）"方式复制到材质编辑器中的空置样本中，如图 9-19 所示。

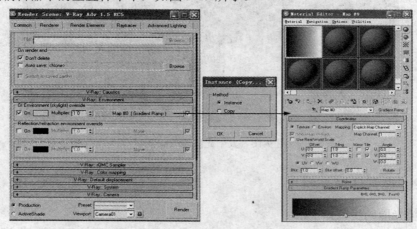

图 9-19 设置全局照明天光

（5）在"Gradient Ramp（坡度渐变）"贴图控制面板中，根据黄昏时刻天空颜色变化的特点设置渐变颜色及位置，如图 9-20 所示。

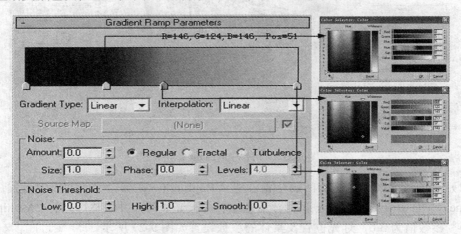

图 9-20　坡度渐变颜色设置

（6）对全局照明天光设置所产生的影响进行测试渲染，效果如图 9-21 所示。

图 9-21　全局照明天光测试渲染

 ### 9.2.3　辅助光的设定

根据对太阳光和天光照明效果的测试渲染，可以观察到场景中的照明效果偏暗，因此决定在窗口和门的位置进行补光的设定。

（1）在场景中门洞的位置创建 VRayLight，在编辑修改面板中设置灯光类型为"Plane（平面）"，而 VRaylight 片灯的大小应该同门洞的实际大小差不多，根据光线颜色经过室内物体的反弹后会变暖的现象设置灯光颜色为浅黄色，开启"Invisible（不可见）"选项，灯光位置及具体的参数设置如图 9-22 所示。

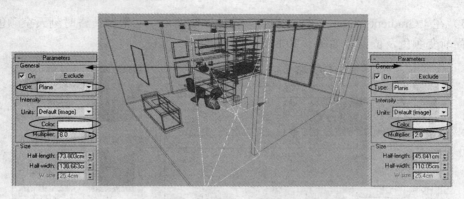

图 9-22　门洞 VRayLight 补光设置

（2）在场景中橱柜右侧的门洞位置创建 VRayLight，在编辑修改面板中设置灯光类型为"Plane（平面）"，设置灯光颜色为浅蓝色来补充天光照明，并调整灯光的"Multiplier（强度倍增）"参数值为 3.6，灯光位置及具体的参数设置如图 9-23 所示。

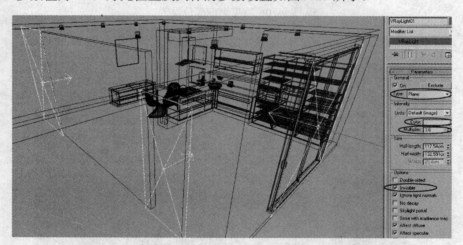

图 9-23　窗口天光补光设置

（3）按下<F9>键对场景中所设置的补光效果进行测试渲染，效果如图 9-24 所示。

图 9-24　补光效果测试渲染

（4）通过对测试渲染所得到的图像进行观察，会发现场景总体偏暗，而一些局部位置仍然笼罩在阴影之中，因此可以在渲染设置面板中将"Color mapping（色彩贴图）"卷展栏中的"Dark multiplier（暗部增强）"和"Bright multiplier（亮部增强）"参数适当提高，并对场景重新进行测试渲染，如图 9-25 所示。

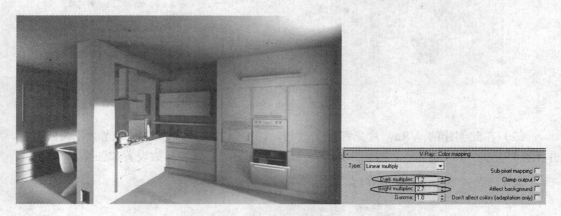

图 9-25　调整增亮参数

（5）通过测试渲染可以观察到经过对增亮参数进行调整后，图像亮度有了提升但是光线直射的区域产生了曝光，这也是"Linear multiply（线性倍增）"方式下容易出现的现象，因此在"Color mapping（色彩贴图）"卷展栏中将"Type（类型）"选项调整为"Exponential（指数）"类型，测试渲染效果如图 9-26 所示。

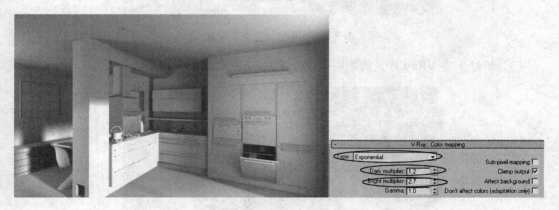

图 9-26　调整色彩贴图类型

9.2.4　局部光照的设定

设定局部光照和步骤如下：

（1）在场景中炉灶上方的位置创建 VRayLight，在编辑修改面板中设置灯光类型为"Plane（平面）"，片光的位置如图 9-27 所示。

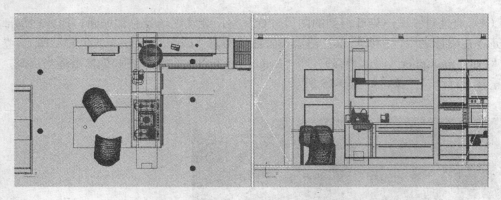

图 9-27　创建 VRay 片光

（2）在此创建的 VRay 片光都是关联的，在编辑修改面板中设置灯光颜色为浅黄色，并调整灯光的"Multiplier（强度倍增）"参数值为 13.0，具体的参数设置如图 9-28 所示。

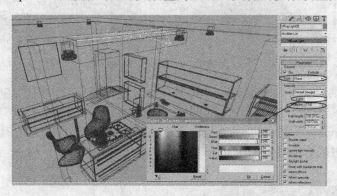

图 9-28　VRay 片光参数设置

（3）炉灶上方 VRay 片光的照明效果如图 9-29 所示。

图 9-29　VRay 片光照明效果

（4）在壁橱面板上方创建"Free Linear（自由线光源）"并调整其位置和长度，如图 9-30 所示。

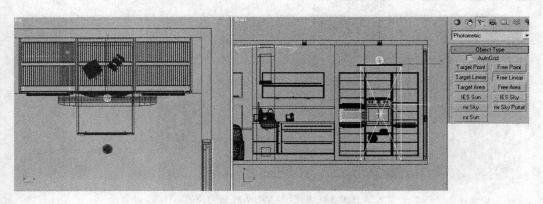

图 9-30　创建自由线光源

（5）在编辑修改面板中，将"Shadows（阴影）"类型设置为"VRayShadow（VRay阴影）"，并设置灯光颜色为浅黄色，调整"Intensity（强度）"参数值为 1000.0，如图 9-31所示。

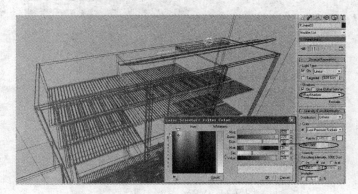

图 9-31　自由线光源参数设置

（6）壁橱面板上方自由线光源的照明效果如图 9-32 所示。

图 9-32　自由线光源照明效果

（7）在橱柜内部创建 VRay 片光，在 Top 视图和 Front 视图中的位置如图 9-33 所示。

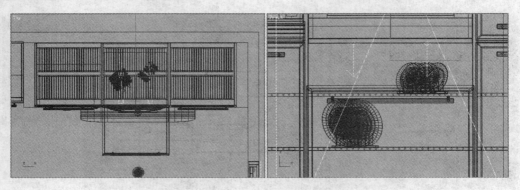

图 9-33　橱柜内 VRay 片光的位置

（8）在编辑修改面板中设置灯光颜色为暖黄色，并调整灯光的"Multiplier（强度倍增）"参数值为 28.0，具体的参数设置如图 9-34 所示。

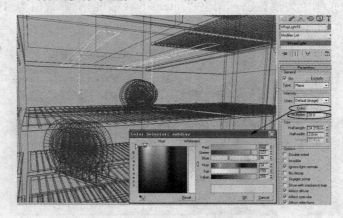

图 9-34　VRay 片光参数设置

（9）对壁橱内所设置的 VRay 片光的照明效果进行测试渲染，其效果如图 9-35 所示。

图 9-35　壁橱内 VRay 片光照明效果

（10）在橱柜左侧的隔板上方创建"Target Point（目标点光源）"，其在 Top 视图和 Front 视图中的位置如图 9-36 所示。

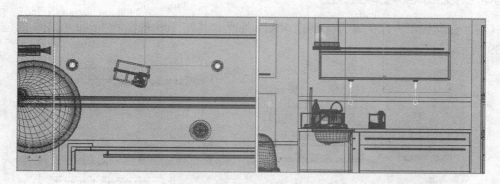

图 9-36　创建目标点光源

（11）这两盏目标点光源采用关联方式创建，在编辑面板中开启"VRayShadow（VRay
阴影）"选项，并设置灯光颜色为浅黄色，在"Distribution（分布）"选项下选择"Web（光
域网）"类型，并在"Web（光域网）"卷展栏下的"Web File（光域网文件）"选项中指定光
盘中提供的"light.ies"文件，具体的参数设置如图 9-37 所示。

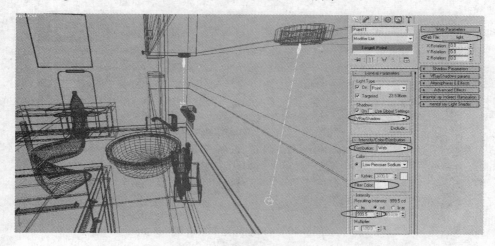

图 9-37　目标点光源参数设置

（12）对隔板上方设置的目标点光源的照明效果进行测试渲染，其效果如图 9-38
所示。

图 9-38　隔板上方目标点光源照明效果

（13）在隔板下方以关联方式创建 VRay 片光，其在 Top 视图和 Front 视图中的位置如图 9-39 所示。

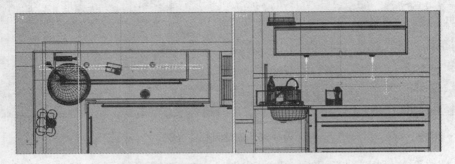

图 9-39　隔板下方 VRay 片光的位置

（14）在编辑修改面板中设置灯光颜色为暖黄色，并调整灯光的"Multiplier（强度倍增）"参数值为 18.0，具体的参数设置如图 9-40 所示。

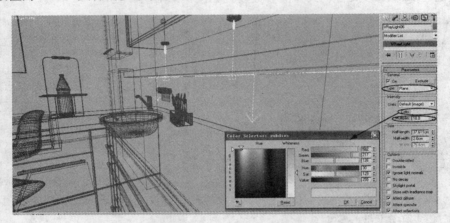

图 9-40　VRay 片光参数设置

（15）对隔板下方所设置的 VRay 片光的照明效果进行测试渲染，其效果如图 9-41 所示。

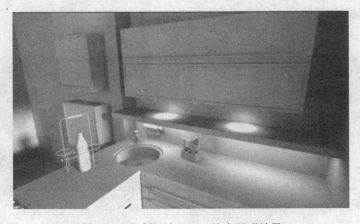

图 9-41　隔板下方 VRay 片光照明效果

（16）在储物柜内以关联方式创建 VRay 片光，其在 Top 视图和 Front 视图中的位置如图 9-42 所示。

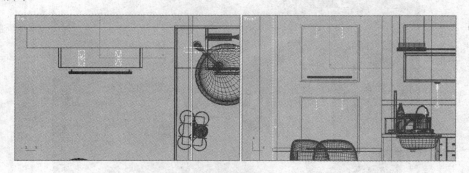

图 9-42　储物柜内 VRay 片光的位置

（17）在编辑修改面板中设置灯光颜色为黄色，并调整灯光的"Multiplier（强度倍增）"参数值为 28.0，具体的参数设置如图 9-43 所示。

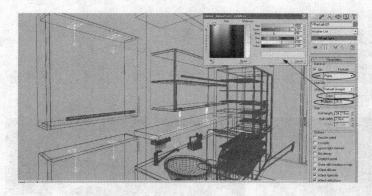

图 9-43　VRay 片光参数设置

（18）对隔板下方所设置的 VRay 片光的照明效果进行测试渲染，其效果如图 9-44 所示。

图 9-44　储物柜内 VRay 片光照明效果

（19）厨房场景中的整体照明效果如图 9-45 所示。

图 9-45　厨房场景整体照明效果

9.3　设置厨房空间材质效果

为了方便材质部分的讲解，在这里对主要材质进行了编号，下面对编号的材质进行讲解，如图 9-46 所示。

图 9-46　场景材质编号

9.3.1　设置墙面和地面材质

设置墙面和地面材质的步骤如下：

（1）本场景中的墙面漆共分为绿色和白色两种，而关于乳胶漆材质的特征和制作思路已经在前面的章节中进行过分析，在此不再具体分析，绿色墙面漆的材质编辑如图 9-47 所示。

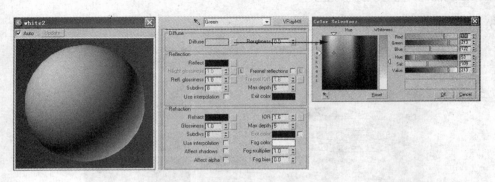

图 9-47　绿色墙面漆材质编辑

白色墙面漆的材质编辑如图 9-48 所示。

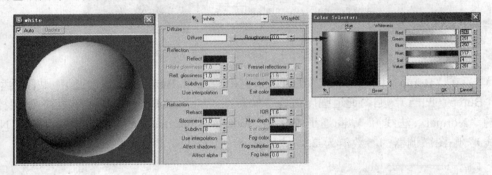

图 9-48　白色墙面漆材质编辑

（2）选择场景中的地面物体，并为其指定空置材质样本，指定材质类型为 VRayBlendMtl，并设置材质名称为 Floor Stone。

（3）在 VRayBlendMtl 材质编辑面板中，单击 Base material 右侧的按钮进入其编辑面板中，指定材质类型为 VRayMtl，并设置 Base material 名称为 Floor，如图 9-49 所示。

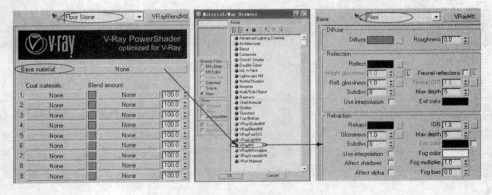

图 9-49　指定 Base material 类型

（4）在"Diffuse（漫反射）"贴图通道内指定 floor_grey.jpg 贴图文件，在"Reflect（反射）"贴图通道内指定 floor_grey_spec.jpg 贴图文件，调整"Hilight glossiness（高光光泽度）"参数值为 0.55，并调整"Refl.glossiness（反射模糊）"参数值为 0.89，调整"Subdivs

（细分）"参数值为 16，如图 9-50 所示。

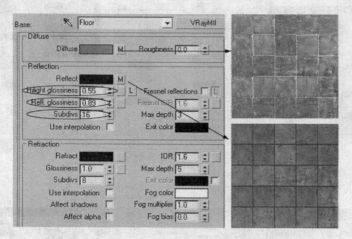

图 9-50　设置地砖材质参数

（5）在"Bump（凹凸）"贴图通道内指定"Normal Bump（法线凹凸）"贴图类型，并调整"Bump（凹凸）"贴图通道强度值为 30.0。在"Normal Bump（法线凹凸）"贴图控制面板中的"Normal（法线）"贴图通道中指定 floor_grey_normal.jpg 贴图文件，调整"Normal（法线）"贴图微调器的参数值为-2.0，如图 9-51 所示。

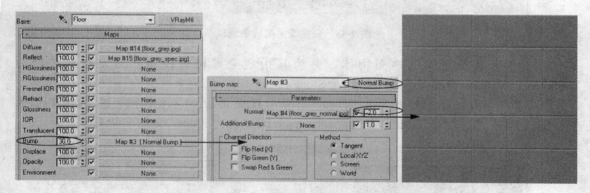

图 9-51　设置凹凸贴图通道

提示："Normal Bump（法线凹凸）"贴图类型使用纹理烘焙法线贴图，可以将其指定给材质的凹凸组件和位移组件。使用位移的贴图可以更正看上去平滑失真的边缘。

"Normal Bump（法线凹凸）"贴图控制选项中的"Normal（法线）"贴图作为规则，包含由渲染到纹理所生成的法线贴图，调整微调器的参数值可提高、降低或反向贴图效果。

（6）返回 VRayBlendMtl 材质编辑面板中，单击 Coat material 1 右侧的按钮，指定材质类型为 VRayBlendMtl，进入其编辑面板中，设置"Diffuse（漫反射）"的 RGB 颜色值为（20，18，15），如图 9-52 所示。

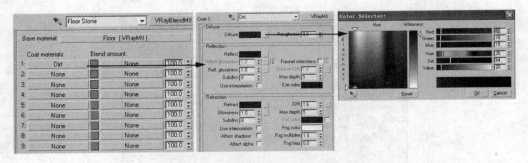

图 9-52 调整 Coat material 1 材质

（7）返回 VRayBlendMtl 材质编辑面板中，单击 Coat material 1 右侧的按钮，指定贴图类型为 VRayDirt。在 VRayDirt 贴图编辑面板中，调整"radius（半径）"参数值为 120.0cm，指定"occluded color（污垢区域颜色）"为白色，指定"unocluded color（非污垢区域颜色）"为黑色，调整"distribution（分布）"参数值为 1.0，调整"Falloff（衰减）"参数值为 1.0，调整"subdivs（细分）"参数值为 32，并关闭"ignore for gi（忽略 GI）"选项，如图 9-53 所示。

图 9-53 调整 VRayDirt 混合贴图

> **提示：** VRayDirt 贴图是 VRay 渲染器中所提供的纹理程序，用来模拟物体表面的污渍效果，可以表现金属物体表面的铁锈、墙面的污斑以及地砖表面的磨损等效果。
>
> 在 VRayDirt 贴图控制参数中，"radius（半径）"参数控制污垢区域的半径，"occluded color（污垢区域颜色）"和"unocluded color（非污垢区域颜色）"选项分别控制物体表面污垢和非污垢区域所呈现的颜色，"distribution（分布）"参数控制污垢的分布形态，"falloff（衰减）"参数控制污垢区域与非污垢区域的过渡效果，"ignore for gi（忽略 GI）"选项决定污垢效果是否参与 GI 计算。

（8）编辑出的地砖材质的节点网络如图 9-54 所示。

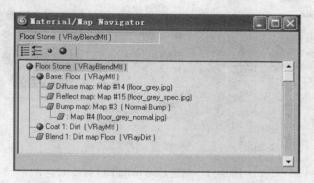

图 9-54　地砖材质的节点网络

> **注意：** 在编辑本场景的地砖材质时，"occluded color（污垢区域颜色）"和"unocluded color（非污垢区域颜色）"选项所指定的白色和黑色，分别对应 VRayBlendMtl 材质中的 Base material 和 Coat material。

（9）本场景中地砖材质样本和测试渲染效果如图 9-55 所示。

图 9-55　地砖材质样本和渲染效果

9.3.2　设置天花板材质

设置天花板材质的步骤如下：

（1）选择场景中的地面物体，并为其指定空置材质样本，指定材质类型为 VRayMtlWrapper，并设置材质名称为 ceiling。

> **提示：** VRayMtlWrapper 包裹材质可以控制材质的全局光照、焦散以及物体的不可见属性等。

（2）单击 VRayMtlWrapper 材质编辑面板中的 Base material 按钮，并选择 VRayMtl 材质类型，如图 9-56 所示。

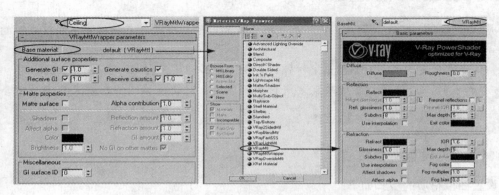

图 9-56　指定 Base material 材质类型

（3）在 VRayMtl 材质控制面板中，在"Diffuse（漫反射）"贴图通道内指定 ceiling2.jpg 贴图文件，设置"Reflect（反射）"颜色的 RGB 值为（23，23，23），调整 "Hilight glossiness（高光光泽度）"参数值为 0.62，并调整"Refl.glossiness（反射模糊）" 参数值为 0.9，在"Bump（凹凸）"贴图通道内指定 ceiling2_bump.jpg 贴图文件，并调整 "Bump（凹凸）"贴图通道强度值为 60.0，如图 9-57 所示。

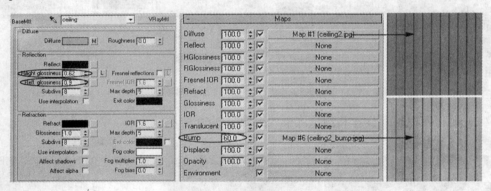

图 9-57　Base material l 材质编辑

（4）返回到 VRayMtlWrapper 材质编辑面板中，调整"Generate GI（产生 GI）"参数值 为 0.8，场景中天花板材质样本和测试渲染效果如图 9-58 所示。

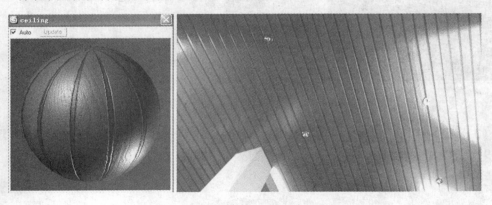

图 9-58　天花板材质样本和测试渲染结果

提示："Generate GI（产生 GI）"参数用于控制当前材质所对应物体产生间接光照的倍增值。

制作者在确定 VRayMtlWrapper 材质的"Generate GI（产生 GI）"和"Receive GI（接受 GI）"参数值时，应该对材质效果反复进行测试渲染，对比渲染图像结果来确定最适合的参数值。

9.3.3　设置橱柜材质

设置橱柜材质的步骤如下：

（1）选择橱柜外部面板，为其指定 VRayMtl 材质类型，设置"Diffuse（漫反射）"的 RGB 颜色值为（69，59，52），其他材质参数保持默认，如图 9-59 所示。

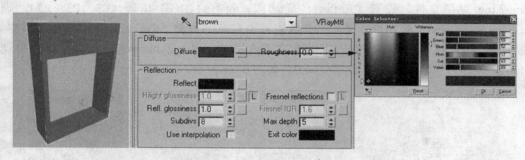

图 9-59　设置橱柜外部面板材质

（2）橱柜柜门材质样本和测试渲染效果如图 9-60 所示。

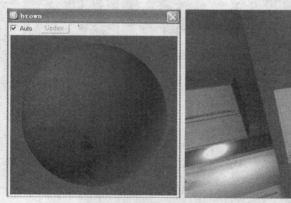

图 9-60　外部面板材质样本和测试渲染效果

（3）选择橱柜柜门物体，为其指定"Multi-Sub Object（多维次物体）"材质类型，如图 9-61 所示。

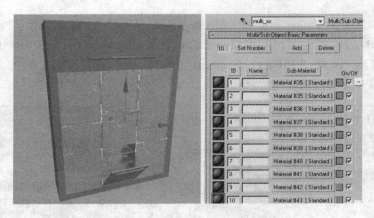

图 9-61　指定 Multi-Sub Object 材质类型

（4）进入"Polygon（多边形面）"级别，指定物体表面 ID 号，如图 9-62 所示。

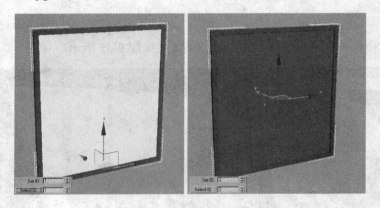

图 9-62　指定物体表面 ID 号

（5）在"Multi-Sub Object（多维次物体）"材编辑面板中，调整"Set Number（设置数目）"参数值为 2。进入 ID 号为 1 的材质控制面板中，指定材质类型为 VRayMtl，设置"Diffuse（漫反射）"的 RGB 颜色值为（54，54，54），设置"Reflect（反射）"的 RGB 颜色值为（235，235，235），并调整"Refl.glossiness（反射模糊）"参数值为 0.95，如图 9-63 所示。

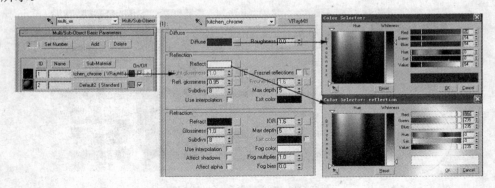

图 9-63　设置漫反射

（6）进入 ID 号为 2 的材质控制面板中，指定材质类型为 VRayMtl，设置"Diffuse（漫反射）"的 RGB 颜色值为（252，252，252），设置"Reflect（反射）"的 RGB 颜色值为（15，15，15），调整"Hilight glossiness（高光光泽度）"参数值为 0.63，并调整"Refl.glossiness（反射模糊）"参数值为 0.87，如图 9-64 所示。

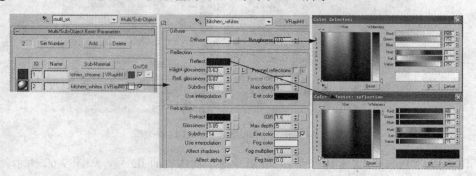

图 9-64　橱柜柜门面板塑胶材质编辑

（7）场景中橱柜柜门材质样本和测试渲染效果如图 9-65 所示。

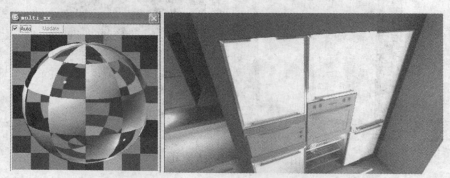

图 9-65　橱柜柜门材质样本和测试渲染结果

（8）烤箱和微波炉表面的金属材质同橱柜柜门的金属边框材质比较接近，在"Diffuse（漫反射）"颜色通道内设置灰度值为 57，在"Reflect（反射）"颜色通道内设置灰度值为 196，并调整"Refl.glossiness（反射模糊）"参数值为 0.75，如图 9-66 所示。

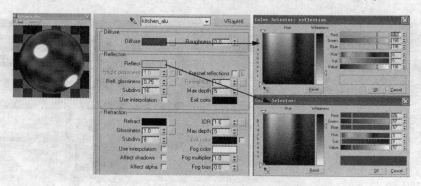

图 9-66　烤箱表面金属材质编辑

（9）烤箱和微波炉表面的黑色玻璃材质在日常生活中很常见，在编辑时主要对材质漫反射颜色、反射和折射属性进行调整，具体参数如图 9-67 所示。

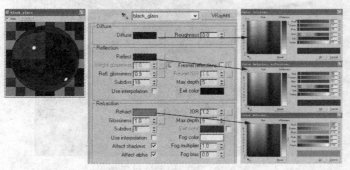

图 9-67　烤箱表面黑色玻璃材质编辑

（10）编辑出的烤箱和微波炉表面材质效果如图 9-68 所示。

图 9-68　烤箱和微波炉表面材质效果

 9.3.4　设置落地柜木纹材质

设置落地柜木纹材质的步骤如下：

（1）选择场景中的落地柜面板及隔板物体，为其指定 VRayMtl 材质类型。

（2）在 VRayMtl 材质编辑面板中，在"Diffuse（漫反射）"贴图通道中指定 Wood2.jpg 图像文件，在"Reflect（反射）"颜色通道内设置灰度值为 30，调整"Refl.glossiness（反射模糊）"参数值为 0.7，调整"Subdivs（细分）"参数值为 12，如图 9-69 所示。

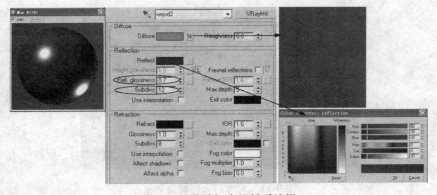

图 9-69　落地柜木纹材质编辑

（3）编辑出的落地柜木纹材质效果如图 9-70 所示。

图 9-70　落地柜木纹材质效果

 ### 9.3.5　设置台面大理石材质

设置台面大理石材质的步骤如下：

（1）选择场景中的台面物体，为其指定 VRayMtl 材质类型。

（2）在 VRayMtl 材质编辑面板中，在"Diffuse（漫反射）"贴图通道中指定紫晶石.jpg 图像文件，在"Reflect（反射）"颜色通道内设置灰度值为 29，调整"Refl.glossiness（反射模糊）"参数值为 0.95，调整"Subdivs（细分）"参数值为 12，如图 9-71 所示。

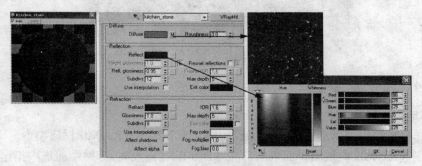

图 9-71　台面大理石材质编辑

（3）编辑出的台面大理石材质效果如图 9-72 所示。

图 9-72　大理石台面材质效果

9.3.6　设置餐椅硬塑料材质

设置餐椅硬塑料材质和步骤如下：

（1）选择场景中的台面物体，为其指定 VRayMtl 材质类型。

（2）设置"Diffuse（漫反射）"的 RGB 颜色值为（8，8，8），设置"Reflect（反射）"的 RGB 颜色值为（50，50，50），并调整"Refl.glossiness（反射模糊）"参数值为 0.72，如图 9-73 所示。

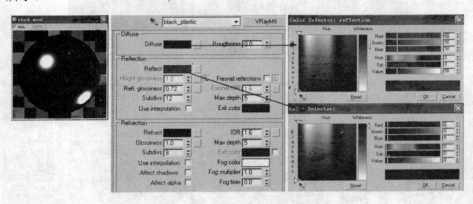

图 9-73　餐椅硬塑料材质编辑

（3）编辑出的餐椅硬塑料材质效果，如图 9-74 所示。

图 9-74　餐椅硬塑料材质效果

9.3.7　设置餐纸材质

设置餐纸材质的步骤如下：

（1）选择场景中的餐纸物体，为其指定 VRayMtl 材质类型，如图 9-75 所示。

（2）设置"Diffuse（漫反射）"的 RGB 颜色值为（238，238，238），在"Bump（凹凸）"贴图通道中指定"Noise（噪波）"贴图类型，调整"Noise Type（噪波类型）"为"Fractal（分形）"方式，并调整"Size（大小）"参数值为 0.015，具体的参数设置如图 9-76 所示。

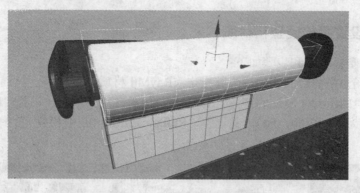

图 9-75　选择餐纸物体

图 9-76　餐纸材质编辑

> 提示：“Fractal（分形）”噪波是指使用分形算法生成噪波，而“Size（大小）”参数值控制以 3ds max 为单位设置噪波函数的比例，默认设置为 25.0。“Regular（规则）”、“Fractal（分形）”和“Turbulence（湍流）”等三种噪波贴图的效果如图 9-77 所示。

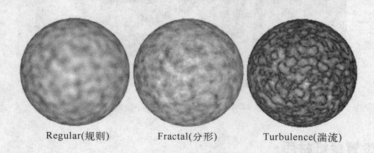

Regular(规则)　　　　Fractal(分形)　　　　Turbulence(湍流)

图 9-77　噪波贴图类型

（3）编辑出的餐纸材质效果如图 9-78 所示。

9.3.8　设置装饰画材质

设置装饰画材质的步骤如下：

（1）选择场景中的装饰画物体，为其指定“Multi-Sub Object（多维次物体）”材质类型。

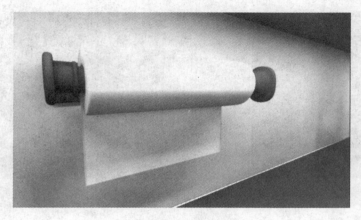

图 9-78　餐纸材质效果

（2）进入"Polygon（多边形面）"级别，指定物体表面 ID 号，如图 9-79 所示。

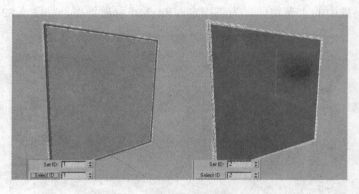

图 9-79　指定物体表面 ID 号

（3）在"Multi-Sub Object（多维次物体）"材质编辑面板中，调整"Set Number（设置数目）"参数值为 2。进入 ID 号为 1 的材质控制面板中，指定材质类型为 VRayMtl，设置"Diffuse（漫反射）"的 RGB 颜色值为（34，34，34）。

（4）进入 ID 号为 2 的材质控制面板中，指定材质类型为 VRayMtl，在"Diffuse（漫反射）"贴图通道中指定 Poster.jpg 图像文件，如图 9-80 所示。

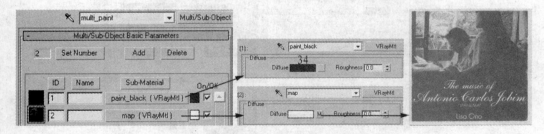

图 9-80　多维次物体材质编辑

（5）编辑出的装饰画材质样本和测试渲染效果如图 9-81 所示。

图 9-81　装饰画材质样本和测试渲染效果

9.3.9　设置厨具材质

设置厨具材质的步骤如下：

（1）选择场景中的水壶物体，为其指定 VRayMtl 材质类型，如图 9-82 所示。

图 9-82　选择水壶物体

（2）在 VRayMtl 材质编辑面板中，设置"Diffuse（漫反射）"的 RGB 颜色值为（0，0，0），设置"Reflect（反射）"的 RGB 颜色值为（188，188，188），并调整"Refl.glossiness（反射模糊）"参数值为 0.75，如图 9-83 所示。

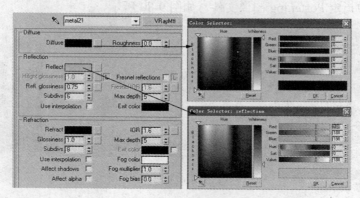

图 9-83　水壶金属材质编辑

（3）燃气灶的金属材质同微波炉的金属面板材质相同，具体的参数设置如图 9-84 所示。

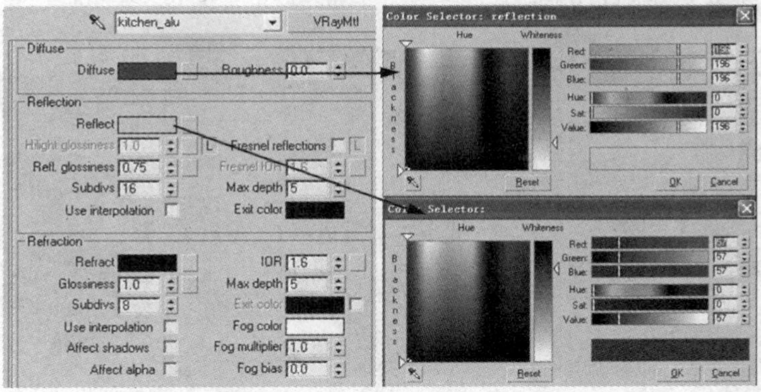

图 9-84　燃气灶金属材质编辑

（4）编辑出的燃气灶和水壶材质效果如图 9-85 所示。

图 9-85　燃气灶和水壶材质效果

（5）选择场景中的餐具架物体，为其指定 VRayMtl 材质类型，如图 9-86 所示。

图 9-86　选择餐具架物体

（6）餐具架材质为木质，关于木纹材质的编辑方法已经在前面章节介绍过，这里不再重复，具体的参数设置如图9-87所示。

图 9-87 餐具架木纹材质编辑

（7）餐具金属材质的具体参数设置如图9-88所示。

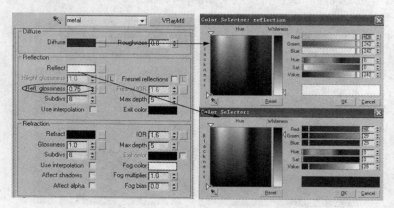

图 9-88 餐具金属材质编辑

（8）编辑出的餐具架和餐具材质效果如图9-89所示。

图 9-89 餐具架和餐具材质效果

（9）关于陶瓷材质已经在前面的章节中设置过多次了，在这里不再过多分析，本例中的材质参数如图9-90所示。

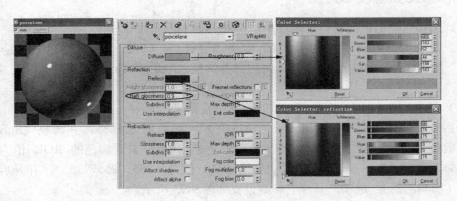

图 9-90　陶瓷材质编辑

（10）同样，白色陶瓷的材质参数如图 9-91 所示。

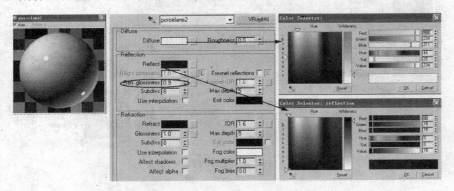

图 9-91　白色陶瓷材质编辑

（11）编辑出的陶瓷材质效果如图 9-92 所示。

图 9-92　陶瓷材质效果

 9.3.10　设置磨砂玻璃材质

设置磨砂玻璃材质的步骤如下：

（1）选择储物柜柜门物体，为其指定 VRayMtl 材质类型。

（2）设置"Diffuse（漫反射）"的 RGB 颜色值为（252，252，252），设置"Reflect（反射）"的 RGB 颜色值为（15，15，15），并调整"Refl.glossiness（反射模糊）"参数值为 0.9。

（3）在"Refraction（折射）"选项栏中，设置"Refract（折射）"的 RGB 颜色值为（195，195，195），调整"Glossiness（模糊度）"参数值为 0.85，并调整"Subdivs（细分）"参数值为 14，开启"Exit color（退出颜色）"选项并设置颜色的 RGB 值为（226，226，226），设置"Fog color（雾颜色）"的 RGB 值为（255，255，255），并开启"Affect shadows（影响阴影）"选项，具体的参数设置如图 9-93 所示。

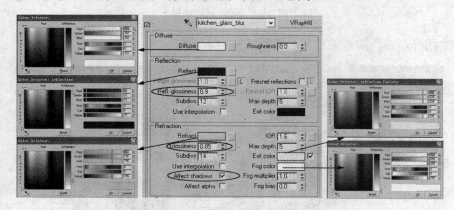

图 9-93　磨砂玻璃材质编辑

最终编辑出的磨砂玻璃材质效果如图 9-94 所示。

图 9-94　磨砂玻璃材质效果

9.4　渲染参数的设定

在前面各小节中，已经把灯光和材质设置好了，现在需要设置灯光的细分参数和渲染参数，设置完成后就可以渲染大图进行出图了。

9.4.1　灯光的细分参数

设置灯光细分参数的步骤如下：

（1）选择用来模拟太阳光的球形 VRayLight，并在编辑修改面板中调整"Subdivs（细分）"参数值为 40，来减少杂点的出现，如图 9-95 所示。

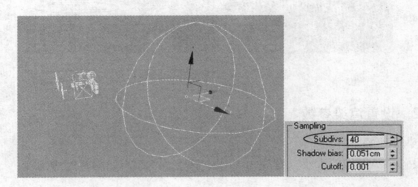

图 9-95　增加 VRay 球光细分参数

（2）选择在门洞和窗洞处用来模拟太阳光补光的 VRay 片光，调整"Subdivs（细分）"参数值为 42，如图 9-96 所示。

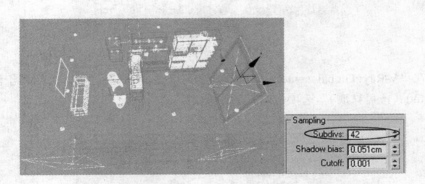

图 9-96　增加 VRay 片光细分参数

（3）选择排油烟灶顶部的两盏 VRay 片光，调整"Subdivs（细分）"参数值为 32。选择吊柜和储物柜内的 VRay 片光，调整"Subdivs（细分）"参数值为 22。

（4）选择橱柜顶部的线光源，在编辑修改面板的"VRayShadows params（VRay 阴影参数）"选项栏中，开启"Area shadow（区域阴影）"选项，并选择"Sphere（球形）"阴影方式，调整"U size（U 向大小）"参数值为 25.4cm，调整"Subdivs（细分）"参数值为 22，如图 9-97 所示。

> **注意**：当"Area shadow（区域阴影）"类型为"Sphere（球形）"时，"U size（U 向大小）"参数控制光源的 U 向尺寸，而"V size（V 向大小）"和"W size（W 向大小）"参数无效。

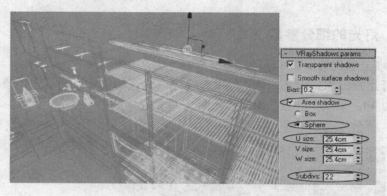

图 9-97　调整线光源阴影参数

9.4.2　设置渲染参数

设置渲染参数的步骤如下：

（1）设置渲染图像的大小，宽度为 1200，高度为 720，如图 9-98 所示。

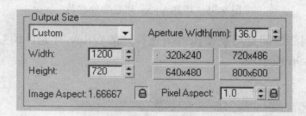

图 9-98　设置渲染图像尺寸

（2）在"V-Ray::Global switches（VRay 全局开关）"卷展栏中，关闭用于测试渲染的"Override mtl（覆盖材质）"选项，如图 9-99 所示。

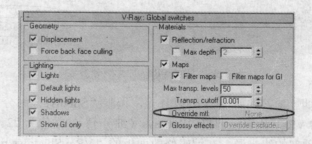

图 9-99　关闭 Override mtl 选项

（3）将"Render（渲染器）"面板下"VRay::Image sampler（Antialiasing）（图像抗锯齿）"卷展栏中的"Type（类型）"设置为"Adaptive Subdivision（自适应准蒙特卡罗）"方式，并将"Antialiasing filter（抗锯齿过滤）"类型设置为"Area（区域）"，如图 9-100 所示。

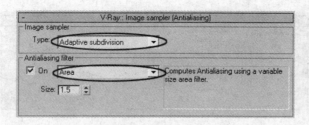

图 9-100　设置图像采样参数

（4）在"V-Ray::Indirect illumination（GI）（VRay 间接光照）"面板下，开启"GI caustics（全局焦散）"选项，并开启"Refractive（折射）"选项。在"Post-processing（预处理）"选项栏中调整"Saturation（饱和度）"参数值为 1.1，调整"Contrast（对比度）"参数值为 1.1，调整"Contrast base（基础对比度）"参数值为 0.5，调整"Primary bounces（初次反弹）"的"Multiplier（倍增）"参数值为 1.1，调整"Secondary bounces（二次反弹）"的"Multiplier（倍增）"参数值为 0.95，如图 9-101 所示。

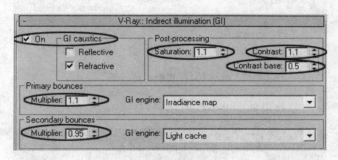

图 9-101　设置 VRay 间接光照

（5）在"Irradiance map（发光贴图）"卷展栏中设置"Current preset（当前制式）"为 Custom，再设置"HSph.subdivs（半球细分）"参数值为 70，具体的参数设置如图 9-102 所示。

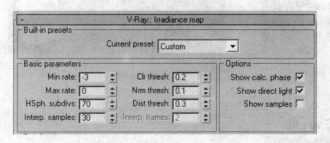

图 9-102　设置发光贴图参数

（6）在"Light cache（灯光缓存）"卷展栏中设置"Subdivs（细分）"参数值为 1000，并将"Sample size（样本尺寸）"参数值为 0.02，同时将"Number of passes（通过数）"参数设置为 2，如图 9-103 所示。

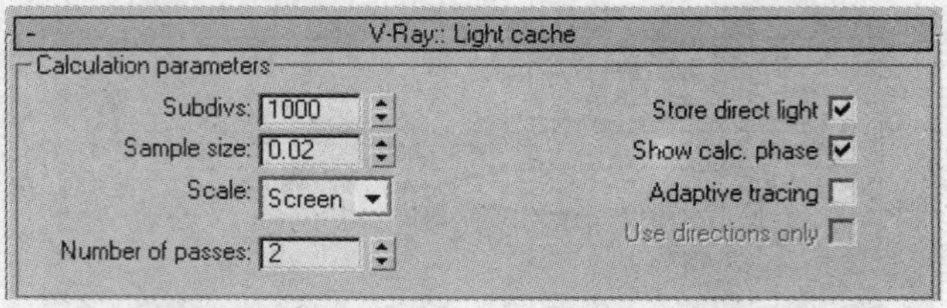

图 9-103　设置灯光缓存参数

（7）其他卷展栏中的设置如图 9-104 所示。

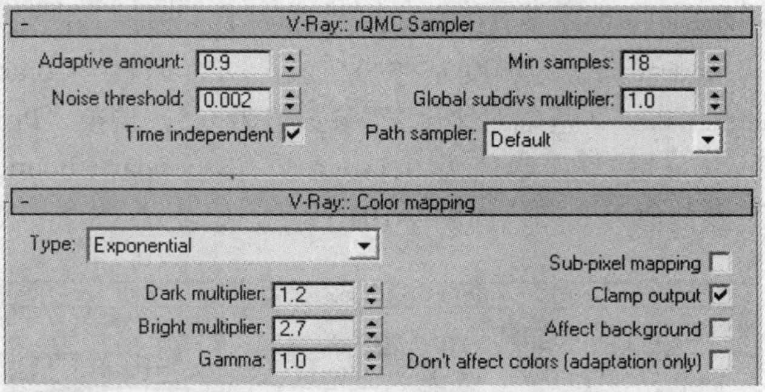

图 9-104　其他参数设置

（8）最终的渲染图像效果如图 9-105 所示。

图 9-105　渲染效果

9.5　本章小结

　　本章表现的是一个兼具自然主义和现代主义风格的厨房空间，在灯光方面通过太阳光、环境光照、辅助光和局部光照来表现，并加入了光域网来表现更为真实的灯光分布效果。

第 10 章　夜晚气氛篇

　　本场景所表现的是夜幕笼罩下的客厅场景，淡淡的月光透过宽大的落地窗投射在三角钢琴的琴键上，而室内的灯光和壁炉中的烛火映照着地板和家具，灯影绰约之间营造出深沉浪漫的气氛，空气中仿佛弥漫着爵士名伶的气息，场景效果如图 10-1 所示。

图 10-1　本章案例效果

　　场景模型线框渲染效果如图 10-2 所示。

图 10-2　场景模型线框渲染效果

　　其他视角的局部渲染效果如图 10-3 所示。

图 10-3　钢琴局部效果

10.1　创建摄像机

在场景中创建摄像机的方法步骤如下：

（1）打开光盘"第 10 章 夜晚气氛篇"→"Scenes"→"夜晚气氛_模型.max"本例场景文件，模型部分已经制作完成的场景效果如图 10-4 所示。

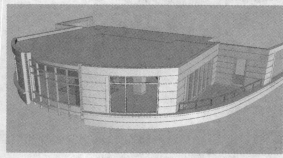

图 10-4　打开场景模型文件

（2）在 Top 视图中创建 VRayPhysicalCamera，并调整摄像机的位置，如图 10-5 所示。

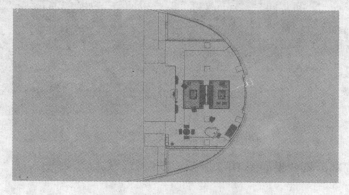

图 10-5　创建物理摄像机

（3）切换至 Front 视图，调整摄像机高度，如图 10-6 所示。

图 10-6 调整摄像机高度

（4）在编辑修改命令面板中，调整物理摄像机的参数，具体参数如图 10-7 所示。

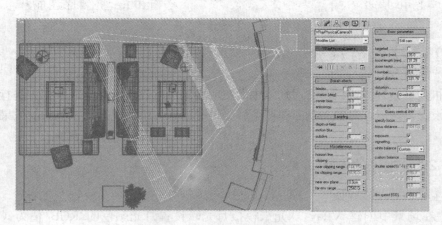

图 10-7 调整物理摄像机参数

提示： 在调整物理摄像机参数时，为了避免镜头被场景中的墙壁和柱体所遮挡，可以在编辑面板中开启"clipping（剪切）"选项并对剪切距离进行调整，开启"clipping（剪切）"选项前后的镜头效果如图 10-8 所示。

图 10-8 剪切选项效果比较

（5）在摄像机视图中开启"Show Safe Frame（显示安全框）"选项，并在渲染设置面板的"Output Size（输出尺寸）"选项栏中设置尺寸为 640×347，如图 10-9 所示。

（6）调整出的摄像机视角如图 10-10 所示。

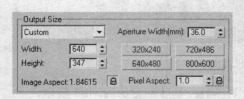

图 10-9　设置尺寸

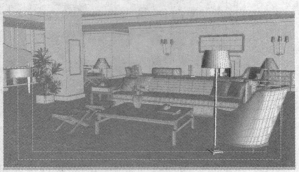

图 10-10　摄像机视图角度

10.2　灯光的设定

摄像机角度设置完成后，将对场景中的照明效果进行设定，在本场景中先进行月光和环境光照的设置，然后再对辅助光照和造型灯光进行设置，最后根据测试渲染的效果进行补光的设置。

10.2.1　主光的设定

设定主光的方法步骤如下：

（1）在场景中创建 VRay 球光来模拟月光，设置月光颜色的 RGB 值为（41，55，82），调整"Multiplier（强度倍增）"参数值为 3.0，如图 10-11 所示。

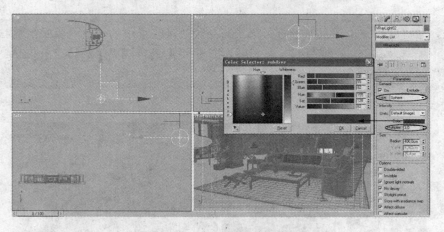

图 10-11　月光位置和参数设置

（2）按下键盘上的<F8>键打开"Environment and Effects（环境和特效）"窗口，将背景颜色的 RGB 值设置为（28，29，30），如图 10-12 所示。

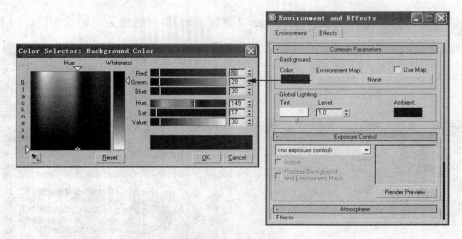

图 10-12　设置背景颜色

（3）按下键盘上的<F10>键打开"Render Scene（渲染场景）"设置窗口，首先在"Common（通用）"标签下的"Assign Renderer（指定渲染器）"卷展栏下指定 VRay 渲染器类型。

（4）在"VRay::Global switches（全局开关）"卷展栏中，关闭"Default light（默认灯光）"选项，激活"Override mtl（全局材质）"选项，由于本场景中物体的固有颜色和表面贴图大多呈现偏暖的黄色调，为了在测光时更加接近场景真实的光照效果，所以设置通用材质样本的颜色值为土黄色，如图 10-13 所示。

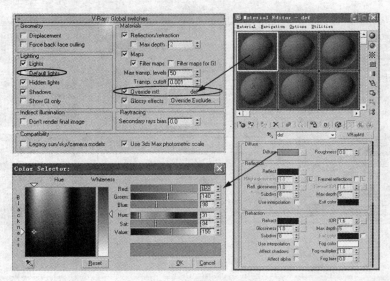

图 10-13　设置全局材质

（5）在渲染设置面板中单击"Renderer（渲染器）"标签，激活"VRay::Environment（环境）"卷展栏中的"GI Environment（skylight）override（全局照明天光）"选项，设置全局天光颜色的 RGB 值为（9，10，11），并调整"Multiplier（强度倍增）"参数值为 1.0；激活"Reflection/refraction environment override（全局环境反射/折射）"，设置反射/折射颜色的

RGB 值为（8，9，11），并调整"Multiplier（强度倍增）"参数值为 0.6，如图 10-14 所示。

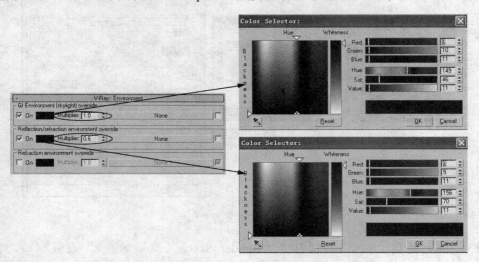

图 10-14　设置环境选项

（6）设置好场景中的月光和环境光照后，需要对测试渲染的相关参数和选项进行设置，具体的参数和选项如图 10-15 所示。

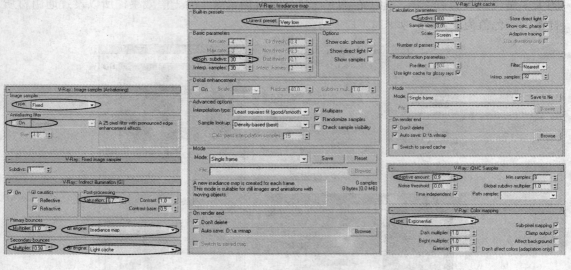

图 10-15　渲染参数设置

> **提示**：由于本场景所要表现的是在整体偏暗的场景气氛中月光和室内光线的细节，因此在"Color mapping（色彩贴图）"卷展栏中选择了"Exponential（指数）"曝光方式，更加适合表现出细腻的光线变化。

对当前场景中的照明效果进行测试渲染，渲染效果如图 10-16 所示。

图 10-16　月光和环境光照明效果

 ### 10.2.2　辅光的设定

观察场景中月光和环境光照明效果，可以知道场景中还需要添加用来模拟天光的光源。

（1）在场景中落地窗窗口的位置创建 VRay 片光，如图 10-17 所示。

图 10-17　创建 VRay 片光

（2）设置场景左侧两盏 VRay 片光颜色的 RGB 值为（R=34,G=45,B=93），并调整"Multiplier（强度倍增）"参数值为 2.0；设置右侧的 VRay 片光颜色的 RGB 值为（R=34,G=47,B=106），并调整"Multiplier（强度倍增）"参数值为 1.7，其他参数设置如图 10-18 所示。

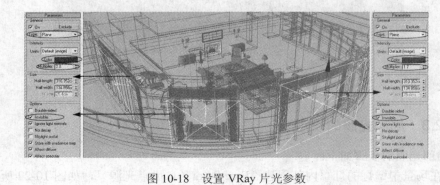

图 10-18　设置 VRay 片光参数

对当前场景中的光照效果进行测试渲染，渲染效果如图 10-19 所示。

图 10-19　添加 VRay 片灯后的光照效果

（3）在渲染参数设置面板的"Color mapping（色彩贴图）"卷展栏中调整"Dark multiplier（暗部增强）"参数值为 0.8，调整"Bright multiplier（亮部增强）"参数值为 2.3。以此提高场景中暗部的亮度，如图 10-20 所示。

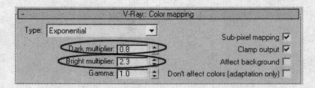

图 10-20　调整色彩贴图参数

（4）对场景进行测试渲染，渲染效果如图 10-21 所示。

图 10-21　色彩贴图参数调整效果

 ### 10.2.3　局部光照的设定

设定局部光照的步骤如下：

（1）在场景中壁灯的灯罩内部创建"Free Point（自由点光源）"，如图 10-22 所示。

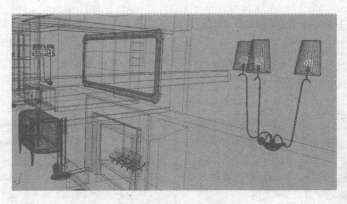

图 10-22　创建自由点光源

（2）在编辑修改命令面板中，设置灯光颜色的 RGB 值为（247,236,225），并调整 "Intensity（强度）"参数值为 1200.0lm，开启"VRayShadow（VRay 阴影）"类型，具体的参数设置如图 10-23 所示。

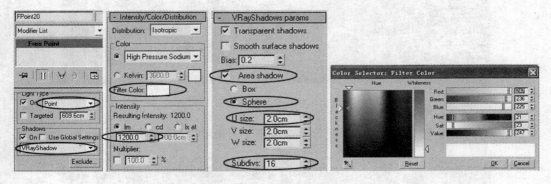

图 10-23　壁灯参数设置

（3）在场景中台灯灯罩内创建"Free Point（自由点光源）"和 VRay 球光，如图 10-24 所示。

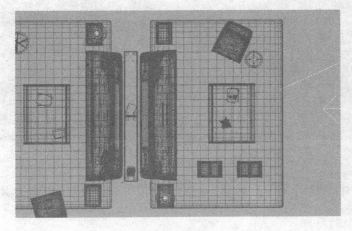

图 10-24　创建台灯部分光源

（4）设置 VRay 球光的 RGB 颜色值为（243,221,180），并调整"Multiplier（强度倍增）"参数值为 30.0；设置自由点光源颜色的 RGB 值为（255,255,255），并调整"Intensity（强度）"参数值为 600.0lm，开启"VRayShadow（VRay 阴影）"类型，具体的参数设置如图 10-25 所示。

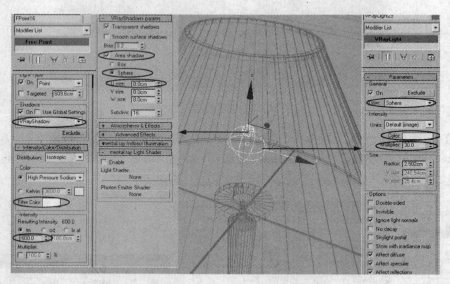

图 10-25　台灯参数设置

（5）对当前场景中的光照效果进行测试渲染，渲染效果如图 10-26 所示。

图 10-26　壁灯与台灯照明效果

（6）在壁炉中创建两盏 VRay 球光，用来模拟炉火对内壁的照明作用，灯光放置的位置如图 10-27 所示。

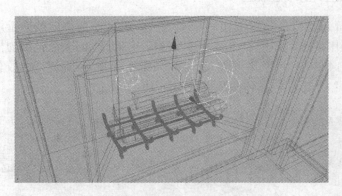

图 10-27　创建 VRay 球光

（7）将两盏 VRay 球光的颜色设置为橘红色，其中靠近内壁的球光颜色亮度更高，且 "Multiplier（强度倍增）" 参数值更大，具体的参数设置如图 10-28 所示。

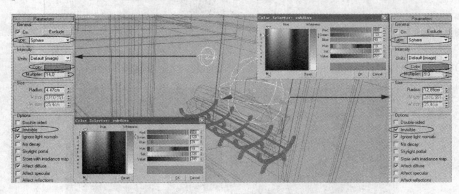

图 10-28　VRay 球光参数设置

（8）对壁炉内部的照明效果进行测试渲染，渲染效果如图 10-29 所示。

图 10-29　壁炉内部照明效果模拟

（9）在壁炉靠近边缘的位置创建 VRay 片光，并使照射方向朝向壁炉外面，用来模拟壁炉内的火光对周围的照亮作用。在编辑修改面板中将片光的颜色设置为橘红色，其颜色的 RGB 值为（232,148,77），并并调整"Multiplier（强度倍增）"参数值为 25.0，开启"Invisible（不可见）"选项，具体参数设置如图 10-30 所示。

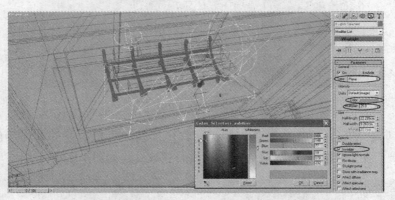

图 10-30　创建 VRay 片光

（10）对当前壁炉周围的照明效果进行测试渲染，渲染效果如图 10-31 所示。

图 10-31　壁炉照明效果模拟

（11）当前摄像机镜头中场景总体照明效果如图 10-32 所示。

图 10-32　当前场景照明效果

10.2.4　补光的设定

观察当前场景中总体照明效果，可以知道仍然需要创建更多的补光来达到照明亮度。

（1）在场景中偏向摄像机左前方的位置创建 VRay 球光，设置 VRay 球光的颜色 RGB 值为（221,167,104），并调整 "Multiplier（强度倍增）" 参数值为 30.0，如图 10-33 所示。

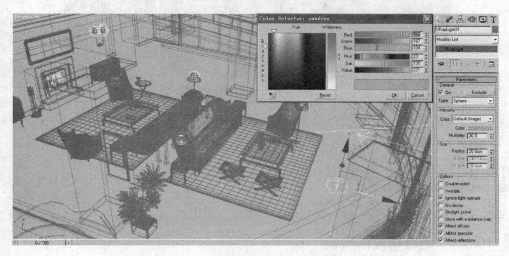

图 10-33　创建 VRay 球光

（2）在场景中偏向摄像机左前方的位置创建 "Free Point（自由点光源）"，设置自由点光源颜色的 RGB 值为（247,210,144），并调整 "Intensity（强度）" 参数值为 18000.0m，开启 "VRayShadow（VRay 阴影）" 类型，具体的参数设置如图 10-34 所示。

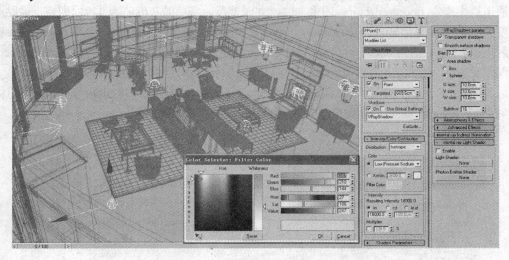

图 10-34　创建自由点光源

（3）对场景进行测试渲染，当前场景中的总体照明效果如图 10-35 所示。

图 10-35　当前场景照明效果

10.3　材质的设定

当模型检查无误后，就可以对场景中的材质进行设定。

10.3.1　地板材质的设定

设定地板材质的步骤如下：

（1）按下<M>键打开"Material Editor（材质编辑器）"窗口，将空置材质样本指定给地面和壁炉后方的墙面物体，并设置材质类型为 VRayMtl。

（2）在"Diffuse（漫反射）"贴图通道栏中指定 floor.jpg 图像文件，在"Reflect（反射）"贴图通道栏中指定 floor_reflect.jpg 图像文件，并调整反射颜色的灰度值为 119，调整反射贴图通道强度为 50.0，调整"Hilight glossiness（高光光泽度）"参数值为 0.68，调整"Refl.glossiness（反射模糊）"参数值为 0.92，并调整"Subdivs（细分）"参数值为 24，开启"Fresnel reflections（菲涅尔反射）"选项，并调整"Fresnel IOR（菲涅尔反射率）"参数值为 1.7。

（3）在"Bump（凹凸）"贴图通道栏中指定 ArchInteriors_12_08_floor_bump.jpg 图像文件，并调整"Bump（凹凸）"贴图强度参数为 9.0，如图 10-36 所示。

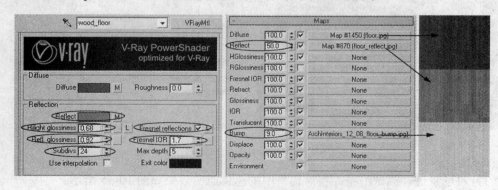

图 10-36　地板材质编辑

（4）编辑出的地板材质样本与渲染效果如图 10-37 所示。

图 10-37　地板材质样本与渲染效果

 10.3.2　地毯材质的设定

设定地毯材质的步骤如下：

（1）选择地毯物体，为其指定空置材质样本，并设置材质类型为 VRayMtl。

（2）在"Diffuse（漫反射）"贴图通道栏中指定 rug.jpg 图像文件，在"Reflect（反射）"贴图通道栏中指定 rug_reflect.jpg 图像文件，调整反射贴图通道强度为 50.0，调整"Hilight glossiness（高光光泽度）" 参数值为 0.71，调整"Refl.glossiness（反射模糊）"参数值为 0.88，开启"Fresnel reflections（菲涅尔反射）"选项，并调整"Fresnel IOR（菲涅尔反射率）"参数值为 2.5。

（3）在"Bump（凹凸）"贴图通道栏中指定 rug_bump.jpg 图像文件，并调整"Bump（凹凸）"贴图强度参数为 70.0，如图 10-38 所示。

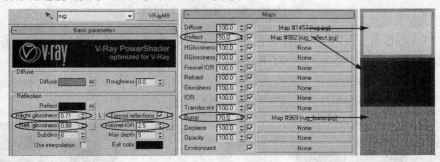

图 10-38　地毯材质编辑

最终所编辑出的地毯材质渲染效果如图 10-39 所示。

图 10-39　地板材质渲染效果

10.3.3　沙发材质的设定

设定沙发材质的步骤如下：

（1）选择沙发主体布料部分物体，为其指定空置材质样本，并设置材质类型为 VRayMtl。

（2）在"Diffuse（漫反射）"贴图通道栏中指定"Falloff（衰减）"贴图类型，并在衰减贴图控制面板中分别为两个贴图通道指定 mohair1.jpg 图像文件和 mohair2.jpg 图像文件，设置"Falloff Type（衰减类型）"为"Fresnel（菲涅尔）"，在两个贴图通道内调整"Tilling（重复）"参数为 2。具体的参数设置如图 10-40 所示。

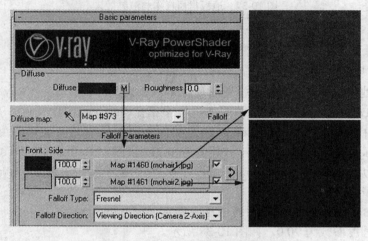

图 10-40　编辑材质漫反射属性

（3）在"Reflect（反射）"贴图通道栏中指定"Falloff（衰减）"贴图类型，并在衰减贴图控制面板中分别指定衰减颜色的 RGB 值为（5,5,5）和（29，29，29），在 VRayMtl 编辑面板中调整"Hilight glossiness（高光光泽度）"参数值为 0.7，调整"Refl.glossiness（反射模糊）"参数值为 0.7，具体的参数设置如图 10-41 所示。

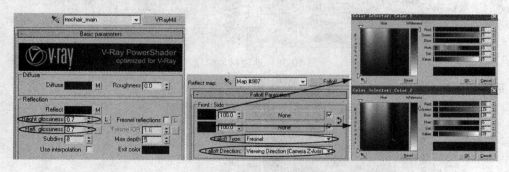

图 10-41　编辑材质反射属性

（4）在"Bump（凹凸）"贴图通道栏中指定 floor_bump.jpg 图像文件，并调整"Bump（凹凸）"贴图强度参数为 15.0，如图 10-42 所示。

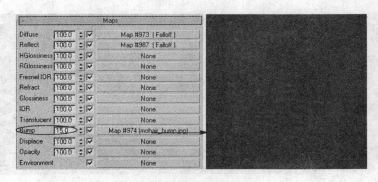

图 10-42　编辑材质凹凸属性

（5）选择沙发木制框架部分物体，为其指定 VRayMtl 材质类型，在"Diffuse（漫反射）"贴图通道栏中指定 wood_furniture.jpg 图像文件，设置"Reflect（反射）"选项的颜色灰度值为 87，调整"Hilight glossiness（高光光泽度）"参数值为 0.68，调整"Refl.glossiness（反射模糊）"参数值为 0.93，具体的参数设置如图 10-43 所示。

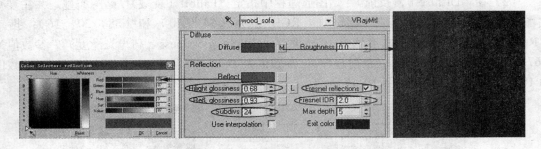

图 10-43　编辑沙发木制框架部分材质

（6）编辑出的沙发材质样本和渲染效果如图 10-44 所示。

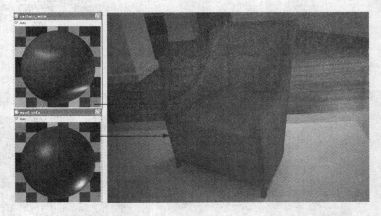

图 10-44　沙发材质样本与渲染效果

（7）按照相同的制作思路可以对多人沙发的材质进行编辑制作，其材质样本和渲染效果如图 10-45 所示。

图 10-45　多人沙发材质样本与渲染效果

 10.3.4　矮凳材质的设定

设定矮凳材质的步骤如下：

（1）选择矮凳物体的上表面，为其指定空置材质样本，并设置材质类型为 VRayMtl。

（2）在"Diffuse（漫反射）"贴图通道栏中指定"Falloff（衰减）"贴图类型，并在衰减贴图控制面板中分别指定衰减颜色的 RGB 值为（64,27,20）和（38，20，16）；指定"Reflect（反射）"颜色的灰度值为107，调整"Hilight glossiness（高光光泽度）" 参数值为0.67，调整"Refl.glossiness（反射模糊）"参数值为 0.75，并调整"Subdivs（细分）"参数值为18，具体的参数设置如图 10-46 所示。

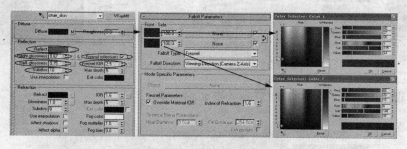

图 10-46　矮凳表面材质编辑

（3）编辑的矮凳表面材质样本如图 10-47 所示。

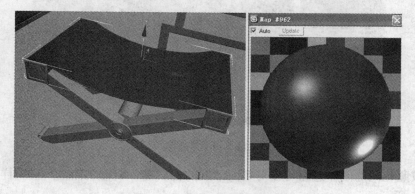

图 10-47　矮凳表面材质样本

（4）选择矮凳支架部分物体，为其指定 VRayMtl 材质类型，在"Diffuse（漫反射）"贴图通道栏中指定 wood_furniture.jpg 图像文件，在"Bump（凹凸）"贴图通道栏中指定 wood_furniture.jpg 图像文件，并调整"Bump（凹凸）"贴图强度参数为 50.0，如图 10-48 所示。

图 10-48　矮凳支架材质编辑

（5）编辑的矮凳支架材质样本如图 10-49 所示。

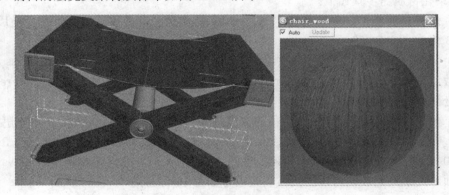

图 10-49　矮凳支架材质样本

（6）矮凳连接部分的金属材质已经在之前的章节中进行过分析和制作，在此不再重复讲解，具体的参数设置如图 10-50 所示。

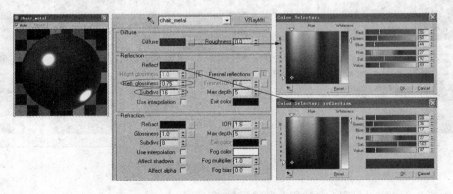

图 10-50　矮凳连接部分金属材质编辑

（7）编辑出的矮凳整体材质效果如图 10-51 所示。

图 10-51　矮凳整体材质效果

 ### 10.3.5　茶几材质的设定

设定茶几材质的步骤如下：

（1）选择桌面物体，并为其指定 VRayMtl 材质类型，并设置"Diffuse（漫反射）"颜色的 RGB 值为（64,80,59）。

（2）设置"Reflect（反射）"颜色的灰度值为 57，并调整"Refl.glossiness（反射模糊）"参数值为 0.96，开启"Fresnel reflections（菲涅尔反射）"选项，并调整"Fresnel IOR（菲涅尔反射率）"参数值为 3.0。

（3）设置"Reflect（反射）"颜色的灰度值为 190，调整"Glossiness（模糊度）"参数值为 0.9，调整"IOR（折射率）"参数值为 1.6，设置"Fog color（雾颜色）"的 RGB 值为（81,98,70），调整"Fog multiplier（雾倍增）"参数值为 0.1，开启"Affect shadows（影响阴影）"选项，关于桌面玻璃材质的具体参数设置如图 10-52 所示。

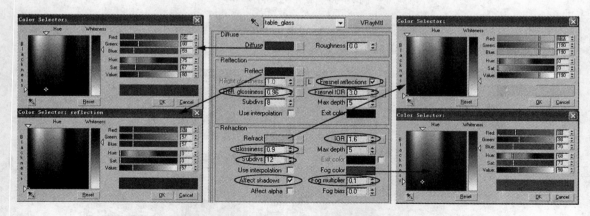

图 10-52　桌面玻璃材质编辑

（4）茶几面玻璃材质样本效果如图 10-53 所示。

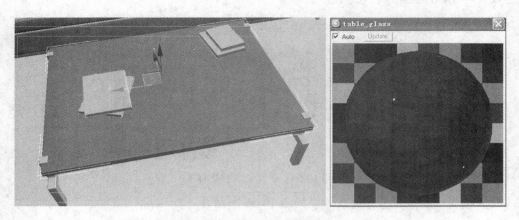

图 10-53　桌面玻璃材质样本

（5）选择茶几支架物体，为其指定 VRayMtl 材质类型，在"Diffuse（漫反射）"贴图通道中指定"Falloff（衰减）"贴图类型，在衰减贴图编辑面板中指定衰减颜色的 RGB 值分别为（174,146,78）和（62，46，26），如图 10-54 所示。

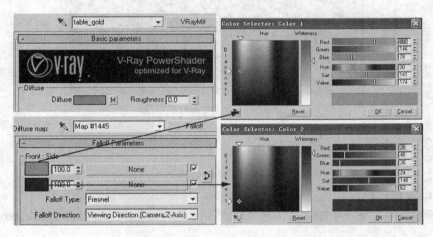

图 10-54　编辑材质漫反射属性

（6）设置"Reflect（反射）"颜色的 RGB 值分别为（148,136,114），调整"Hilight glossiness（高光光泽度）"参数值为 0.83，调整"Refl.glossiness（反射模糊）"参数值为 0.88，如图 10-55 所示。

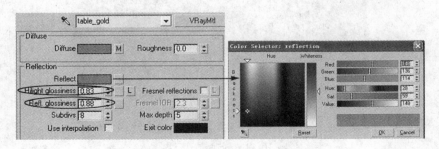

图 10-55　编辑材质反射属性

（7）茶几支架材质样本效果如图 10-56 所示。

图 10-56　茶几支架材质样本

（8）编辑出的茶几整体材质效果如图 10-57 所示。

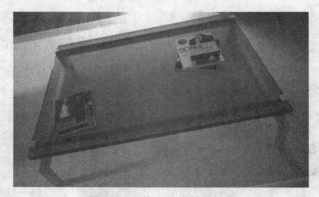

图 10-57　茶几整体材质效果

 10.3.6　桌面装饰品材质编辑

在茶几上摆放的物品包括水晶球、书籍和小型植物。

1．水晶球材质的设定

水晶球制作的关键在于如何产生水晶球内部的气泡效果，在此将通过 3ds max 粒子系统中的"PCloud（粒子云）"系统来进行模拟。

（1）在物体创建命令面板中，选择"Particle Systems（粒子系统）"创建面板中的"PCloud（粒子云）"物体类型，在场景中拖动光标进行创建，并将其移动到水晶球物体内部，如图 10-58 所示。

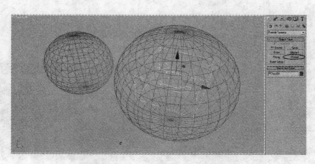

图 10-58　创建粒子云物体

（2）在场景中创建球体，调整球体的大小并适当降低球体段数，如图10-59所示。

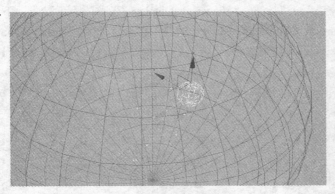

图10-59　创建球体

（3）在粒子云编辑修改面板中，单击 Pick Object 按钮，并在场景中单击水晶球物体，将其作为发射器；在"Particle Type（粒子类型）"展卷栏的"Particle Types（粒子类型）"选项下选择"instanced Geometry（替代几何体）"方式，单击下方的 Pick Object 按钮，并在场景中单击上一步创建的球体，将其作为粒子发射的基本形状，如图10-60所示。

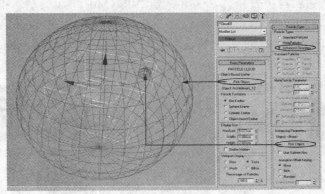

图10-60　指定粒子发射器和粒子替代物体

　　提示：在"Object-Based Emitter（基于对象的发射器）"选项栏下，单击 Pick Object 按钮可以选择要作为粒子发射器使用的可渲染网格对象。在"Particle Type（粒子类型）"展卷栏中单击 Pick Object 按钮可以在视图中选择要作为粒子使用的对象。通过粒子替代功能可以创建一群鸟、一个星空或一队在地面行军的士兵，如图10-61所示。

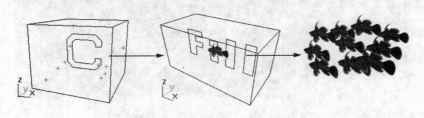

图10-61　粒子替代作用

311

（4）在粒子云编辑修改面板的"Particle Formation（粒子形式）"选项下选择"Sphere Emitter（球形发射器）"类型，在"Viewport Display（视图显示）"选项下选择"Mesh（网格体）"类型，在"Particle Generation（粒子产生）"卷展栏下的"Particle Quantity（粒子数量）"选项栏中选择"Use Total（使用总量）"方式，并调整参数值为234，如图10-62所示。

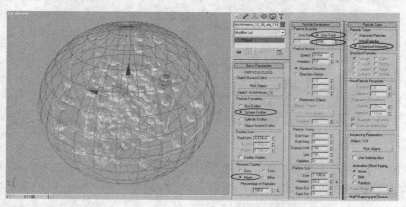

图10-62　调整粒子云参数

（5）选择水晶球和粒子云物体，为其指定 VRayMtl 材质类型，指定"Diffuse（漫反射）"颜色为浅蓝色，颜色的 RGB 值为（174,209,252），指定"Reflect（反射）"颜色的灰度值为91，指定"Refract（折射）"颜色的灰度值为242，开启"Affect shadows（影响阴影）"选项，具体的设置如图10-63所示。

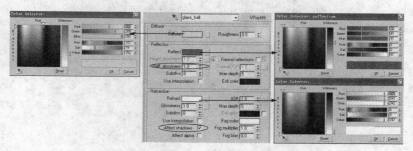

图10-63　水晶球材质编辑

（6）最终所编辑出的水晶球材质样本和渲染效果如图10-64所示。

图10-64　水晶球材质样本和渲染效果

2．书籍材质设定

设定书籍材质的步骤如下：

（1）选择茶几上的书籍物体，在编辑修改面板中进入"Polygon（多边形面）"次物体级别，对物体表面进行 ID 号的指定，如图 10-65 所示。

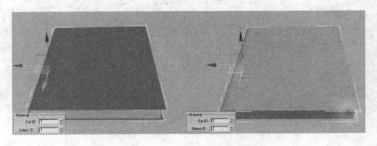

图 10-65　指定物体表面 ID

（2）为书籍物体指定"Multi-Sub Object（多维次物体）"材质类型，调整"Set Number（设置数目）"参数值为 2。

（3）进入 ID 号为 1 的材质控制面板中，设置材质类型为 VRayMtl，在"Diffuse（漫反射）"贴图通道内指定 cover4.jpg 位图图像文件，设置"Reflect（反射）" 颜色的灰度值为 23，调整"Hilight glossiness（高光光泽度）" 参数值为 0.73，调整"Refl.glossiness（反射模糊）"参数值为 0.85，具体的参数设置如图 10-66 所示。

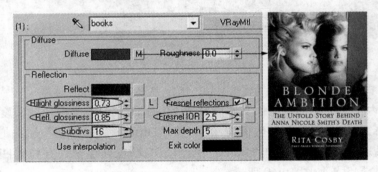

图 10-66　书籍封面材质编辑

（4）进入 ID 号为 2 的材质控制面板中，设置材质类型为 VRayMtl，在"Diffuse（漫反射）"贴图通道内指定"Noise（噪波）"贴图类型，设置"Tilling（重复度）"参数值为（0.1,16.0，1.0），在贴图控制面板中将"Diffuse（漫反射）"贴图通道内的贴图以"Instanced（关联）"方式复制到"Bump（凹凸）"贴图通道内，并设置凹凸通道强度值为 7.0，具体的设置如图 10-67 所示。

3．桌面植物材质设定

（1）选择桌面植物中的花瓣物体，为其指定 VRayMtl 材质类型，设置"Diffuse（漫反射）"颜色为白色，在"Diffuse（漫反射）"贴图通道内指定"Falloff（衰减）"贴图类型，在衰减贴图控制面板中指定衰减颜色的 RGB 值分别为（255，233，298）和（26,57,255），设置衰减类型为"Perpendicular/Parallel（垂直/平行）"方式，设置"Diffuse（漫反射）"颜色为白色，并调整"Diffuse（漫反射）"贴图通道强度为 20.0；在"Bump（凹凸）"贴图通道内指定 flower_bump.jpg 贴图文件，设置凹凸通道强度为 800.0，具体的设置如图 10-68 所示。

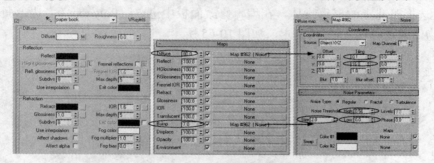

图 10-67　书籍侧面材质编辑

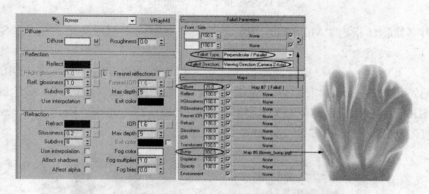

图 10-68　花瓣材质编辑

（2）选择桌面植物中的叶片物体，为其指定 VRayMtl 材质类型，在"Diffuse（漫反射）"贴图通道内指定 leaf2.jpg 图像文件，设置"Reflect（反射）"颜色的灰度值为 66，调整"Refl.glossiness（反射模糊）"参数值为 0.6，将"Diffuse（漫反射）"贴图通道内的贴图以"Instanced（关联）"方式复制到"Bump（凹凸）"贴图通道内，并设置凹凸通道强度为 200.0，具体的参数设置如图 10-69 所示。

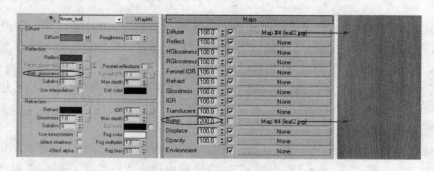

图 10-69　植物叶片材质编辑

（3）植物茎干部分的材质在编辑时需要在"Diffuse（漫反射）"贴图通道内指定

flower.jpg 贴图文件，并调整出一定程度的反射，具体的参数设置如图 10-70 所示。

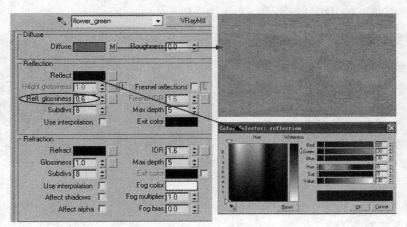

图 10-70　植物茎干材质编辑

（4）编辑出的桌面植物材质样本和渲染效果如图 10-71 所示。

图 10-71　桌面植物材质效果

 10.3.7　火焰材质编辑

编辑火焰材质的步骤如下：

（1）在场景中创建相互交叉的平面物体，并将其放置到壁炉劈柴物体模型之间，如图 10-72 所示。

图 10-72　创建平面物体

（2）选择茶几上的书籍物体，在编辑修改面板中进入"Polygon（多边形面）"次物体级别，对物体表面进行 ID 号的指定，如图 10-73 所示。

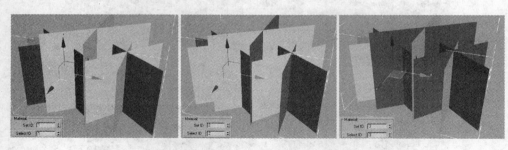

图 10-73　指定物体表面 ID

（3）为书籍物体指定"Multi-Sub Object（多维次物体）"材质类型，调整"Set Number（设置数目）"参数值为 3。

（4）进入 ID 号为 1 的材质控制面板中，设置材质类型为 VRayMtl，在"Diffuse（漫反射）"贴图通道内指定 flame_01.jpg 位图图像文件，在"Opacity（透明度）"贴图通道内指定 flame_02.jpg 位图图像文件，如图 10-74 所示。

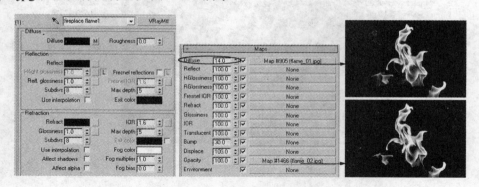

图 10-74　火焰材质编辑

（5）在 ID 号为 2 和 3 的次级材质中进行其他形态火焰效果的编辑，在编辑方法上和 ID 号为 1 的材质基本相同，只是在所指定的贴图文件上有所不同，ID 号为 2 和 3 的材质所指定的贴图效果如图 10-75 所示。

图 10-75　火焰贴图效果

（6）编辑出的火焰材质效果如图 10-76 所示。

图 10-76　火焰材质效果

10.4　渲染参数的设定

在前面各小节中，已经把灯光和材质设置好了，现在需要设置灯光的细分参数和渲染参数。设置完成后就可以渲染大图进行出图了。

10.4.1　灯光的细分参数

灯光的细分参数的步骤如下：

（1）选择用来模拟月光的球形 VRayLight，并在编辑修改面板中调整"Subdivs（细分）"参数值为 16，来减少杂点的出现。

（2）选择窗洞处用来模拟太阳光补光的 VRay 片光，调整"Subdivs（细分）"参数值为 24。

（3）选择作为补光的 VRayLight，在编辑修改面板中调整"Subdivs（细分）"参数值为 16。

（4）选择作为壁灯的自由点光源，在"VRayShadow（VRay 阴影）"卷展栏中调整"Subdivs（细分）"参数值为 16。

10.4.2　设置渲染参数

设置渲染参数的步骤如下：

（1）设置渲染图像的大小，宽度为 1024，高度为 555，如图 10-77 所示。

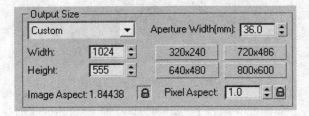

图 10-77　设置渲染图像尺寸

（2）将"Render（渲染器）"面板下"VRay::Image sampler（Antialiasing）（图像抗锯齿）"卷展栏中的"Type（类型）"设置为"Adaptive QMC（自适应准蒙特卡罗）"方式，并将"Antialiasing filter（抗锯齿过滤）"类型设置为"Catmull-Rom"，如图 10-78 所示

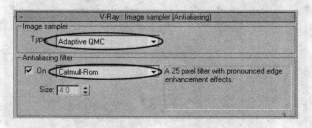

图 10-78　设置图像采样参数

（3）在"V-Ray::Indirect illumination（GI）（VRay 间接光照）"面板下，开启"GI caustics（全局焦散）"选项，并开启"Refractive（折射）"选项。在"Post-processing（预处理）"选项栏中调整"Saturation（饱和度）"参数值为 0.7，调整"Primary bounces（初次反弹）"的"Multiplier（倍增）"参数值为 1.0，调整"Secondary bounces（二次反弹）"的"Multiplier（倍增）"参数值为 0.98，如图 10-79 所示。

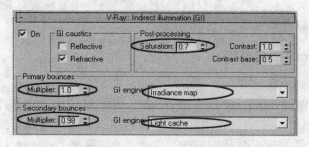

图 10-79　设置 VRay 间接光照

（4）在"Irradiance map（发光贴图）"卷展栏中设置"Current preset（当前制式）"为 Custom，再设置"HSph.subdivs（半球细分）"参数值为 70，具体的参数设置如图 10-80 所示。

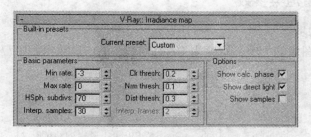

图 10-80　设置发光贴图参数

（5）在"Light cache（灯光缓存）"卷展栏中设置"Subdivs（细分）"参数值为 1000，并将"Sample size（样本尺寸）"参数值设置为 0.02，同时将"Number of passes（通过数）"参数值设置为 2，如图 10-81 所示。

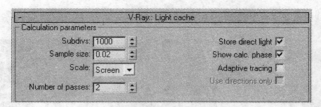

图 10-81　设置灯光缓存参数

（6）其他卷展栏中的参数设置如图 10-82 所示。

图 10-82　其他参数设置

（7）最终的渲染图像效果如图 10-83 所示。

图 10-83　渲染效果

（8）其他角度的渲染图像效果如图 10-84 所示。

图 10-84　渲染结果

（9）场景中一些局部的渲染图像效果如图 10-85 所示。

图 10-85　局部渲染图像

10.5　本章小结

　　本章通过一个夜幕笼罩下的客厅场景，来表现灯影绰约之间营造出的深沉浪漫的气氛。灯光主要模拟月光的 VRay 球光，晚上由于灯光比较多，暗部比较多，GI 计算的时间也比较长，请大家注意细节的主次的把握。